Schwimmende Gärten

Floating Gardens

Scandlines

Das Innere im Äußeren

Manifest essence

Maria Auböck

Vor dem Land schweben Blumeninseln. // Der baltische Seegott Njörd schaut von Ferne zu, ab und zu prustet ein Seepferd. Die lächelnde Analyse und die ernsthafte Information überschneiden sich hier wie ein Geflecht, das neue Möglichkeiten ergibt, den Besuchern komplexes Wissen sinnlich nahe zu bringen und neue, ungewöhnliche Freiräume entdecken zu lassen. // Dieses interessante Konzept stammt von der Gruppe ›archipel architekten‹ aus Wien und wird hier erstmals in Rostock der Öffentlichkeit vorgestellt. // **Form Material Laune** // Es ist kein gerader Weg, der hier entlang der Zeitachse, entlang der Evolution über die Ursuppe führt und unter dem Motto ›grün - bunt - karg‹ die Schwimmenden Gärten erreicht. // Von einer zweifach gespreizten Pier ausgehend, führt das orthogonale Stegesystem zu den Hauptflächen, auf denen die Ereignisse stattfinden: Karge Insel – der Orange Raum und die Halme, Grüne Insel – die Quelle, die Spirale und der Meeresgarten, Blüteninsel – die Lotosblüte, die Calla, der Kokon und der Pollenflug. // Dazwischen befinden sich die Anlegestellen für Besucher vom Wasser wie auch schwimmende Bäume und vieles mehr. // Die komplexen Raumformen und die Wegeführung

Islands of blossoms float off the coast, under the gaze of the Baltic sea-god Niord, to the accompaniment of an occasional snort from a sea-horse. // Smiling analysis and serious information overlap here like a network, offering visitors new ways to experience complex knowledge and to discover new, unaccustomed open spaces. This interesting concept, from the Viennese 'archipel architekten' group, is presented for the first time here in Rostock. // **Form – material – mood** // It is not a straight path that leads along the time axis, through evolution from the primordial soup to the Floating Gardens, under the motto "green – colourful – barren". // Starting from a doubly branching pier, the orthogonal system of bridges leads to the main scenes of events; Barren Island – Orange Canyon and grasses; Green Island – spring, spiral and Sea-Garden; Paradise Island – Lotus Flower, Arum Lily, Great Seed and Pollen Cloud. // In between are the moorings for visitors approaching from the river, floating trees, and much more. // The complex spatial forms and the routes marked out are planned non-hierar-

Reg dich nicht auf
Und gehe mit dem Strom
Wenn deine Gedanken eingeengt sind
Verlieren sie ihre Lebendigkeit
Sen'g-t'san, Tokyo

Don't lose your cool
Swim with the tide
If your thoughts are confined
They lose their vitality
Sen'g-t'san, Tokyo

sind antihierarchisch konzipiert. Sie ergeben Erzählstränge, die sich jeder Besucher selbst flechten muss und die die Evolution der Pflanze, die unterschiedlichen Klimazonen und die Zukunft des Lebens thematisieren. // Dazwischen verändert die Performance der Gruppe ›Cataracts‹ um Beda Percht den üblichen Ablauf: Sie inszeniert spannungsvolle Ereignisse mit TänzerInnen und AkteurInnen. Sie wurde aufgefordert, auf die Einfälle der Architekten, auf die eigenartigen Baukörper und die ungewöhnlichen Entwurfsideen, zu reagieren, und bildet damit einen wesentlichen Beitrag für das Gelingen des Gesamteindrucks. // **Idee Konzept Umsetzung** // Der Jury hatte sich das Projekt bereits im Wettbewerbsverfahren um das Gesamtkonzept der Internationalen Gartenschau 2003 in Rostock als preisverdächtiges Siegerprojekt angeboten, weil es die innovativsten Konzepte integrierte. Ich war als Landschaftsarchitektin Teil dieser Expertengruppe. // Am Ende eines langen Jurytages hatten wir die Projekte diskutiert, das Gelände besucht, uns auf die Ziele für die kommende Gartenschau geeinigt. // Wir waren von einem ungewöhnlichen Projektvorschlag fasziniert, der einen Weg auf die See vorlegte: Schwimmende Gärten.

chically. They offer narrative strands which each visitor has to weave individually, the themes being the evolution of plants, the various climate zones and the future of life. // Meanwhile, the performance of Beda Percht's group "Cataracts" changes the usual course of events, staging dramatic happenings with dancers and actors. Invited to react to the ideas of the architects, to the strange-looking structures and unusual designs, they contribute substantially to the success of the total effect. // **Idea – concept – rendering** // In the competition for the overall concept for the 2003 International Horticultural Exhibition in Rostock, this project had already recommended itself to the jury as a possible winner, because it integrated the most innovative concepts. As a landscape architect I was a member of this panel of experts. At the end of a long day, we had discussed the projects, visited the site, and agreed on the aims for the Exhibition. We were fascinated by an unusual project design which suggested building a walkway out to sea: floating gardens. This walkway was evident in the

Internationaler städtebaulicher Realisierungswettbewerb IGA Rostock 2003; archipel architekten, 2. Preis, 1997 Lageplan

International competition "IGA Rostock 2003" archipel architekten, 2nd prize, 1997 Site plan

Dieser Weg zeigte sich schon im Modell, die Visualisierungen versprachen bereits, was jetzt auf der Gartenschau zu besuchen sein wird: Lebenslust pur! // Die Idee war einleuchtend: Ist nicht der Hafen das Symbol für die Verbundenheit von Rostock mit dem Wasser? Geschichte, Wirtschaft, Kultur – alles bezieht sich auf das nasse Element. Rostock am Meer. So voller Ideen schien dieses Projekt, man stritt und einigte sich, den Kreativen den 2. Preis zu verleihen. Eine große Überraschung, dass es sich hier um ein Team aus Wien handelte. Landratten! // Sie hatten die Faszination des Wassers richtig eingeschätzt und eine Projektidee vorgeschlagen, die nun realisiert vor uns steht. // Die Veränderungen des Projekts heben die Spannung: Nun kann man schärfer erkennen, worum es geht und wohin diese Reise führte. // Hier lässt sich die Welt der Evolution und der Metamorphosen begreifen, hier lässt sich die Schönheit der Botanik und der Biologie in ihren vielfältigen Formen zwischen ›Frühlingsblüte‹ und ›Lustsommer‹ erwandern. // **Raum Erfahrung Eindruck** // In der Ausführung wurden viele der Konzeptideen realisiert, wiewohl sich das Projekt im Zuge der Realisierung verwandeln musste. Wie man nun sehen

model, and the visualisations already promised what visitors now find in the Exhibition: pure joie de vivre! // The idea seemed plausible. After all, is not the harbour the symbol of Rostock's involvement with water? History, economy, culture – everything is linked with water. Rostock-by-the-sea. This project seemed so full of ideas; we argued back and forth, and finally agreed to award its creators 2nd prize. Quite a surprise, then, to find that they were a team from Vienna – landlubbers! They had accurately estimated the fascination of water, and proposed an idea which we now see realised. The alterations in the project make it even more exciting – the whole concept is now clearer, and where the journey takes us. // Here we can comprehend the world of evolution and metamorphoses, and appreciate the beauties of botany and biology as we walk between spring and summertide. // **Space – experience – impression** // Many of the ideas were realised in the course of the implementation, although the project had to undergo changes in the process. The basic concept consists of bridges

Wettbewerbsmodell, 1997
Competition model, 1997

kann, sind Stege, Inseln mit großen Raumskulpturen, durch die die Besucher auf die Suche nach der Zeit gehen, das tragende Konzept. Gartenkunst und Gartenkultur werden hier transformiert, mit neuen Bedeutungen gesehen. Etwas freier fühlen, etwas freier ›wahrnehmen‹: Haben wir nicht alle das Bedürfnis, die Dinge zu erkennen, die Landschaft am Weg zu lesen und zu genießen? // Gerade in der Bewegung wird der Landschaftsraum sinnlich erfahrbar – wir genießen die Formen, Farben, Düfte und Geräusche. // Gartenkultur heißt nicht nur im Rasen liegen. Es heißt auch Gesellschaftsspiele oder Theaterereignisse erleben, wie Pantomime und Tanz. // Die Ornamente sind konsequente Hinweise, sie erzählen von exotischen Lebensformen, fremden Moden, überraschenden Ideen. // Wie wenn es Texte im Garten gäbe: So entstehen Blumenballette. // Auch die Blütenfarbe spielt im Garten eine Rolle, wie die Wiederkehr der Blattstrukturen oder die Rindenfarbe der Zweige im Winter. Man muss den Formenkanon finden. Jeder Garten ist anders. // Johannes Kraus und sein Team verlassen den sicheren Hafen der Erklärbarkeit. // Sie segeln hart am expressiven Formwillen und schaffen begehbare Skulpturen –

and islands with large-scale sculptures through which the visitor goes in search of time. // Garden art and culture are transformed here, invested with new significance. To feel and to perceive more freely – do we not all have the need to recognise things, to read and appreciate the landscape? As we move through it, we can experience it through our senses, enjoying forms, colours, scents and sounds. // “Garden culture” does not mean merely lying on the grass – it means participating in games or theatrical events such as pantomime and dance. // The ornaments are consistent pointers, telling of exotic life forms, strange fashions, surprising ideas. // As though there were texts in the garden – this is how flower ballets come to be. // The colour of flowers also play a role in a garden, as do repeated leaf structures or the colour of bark in winter. We have only to discover the canon of forms. Every garden is different. // Johannes Kraus and his team abandon the safe haven of the explicable. They sail near the will to expressive form, and create accessible sculptures – their floating

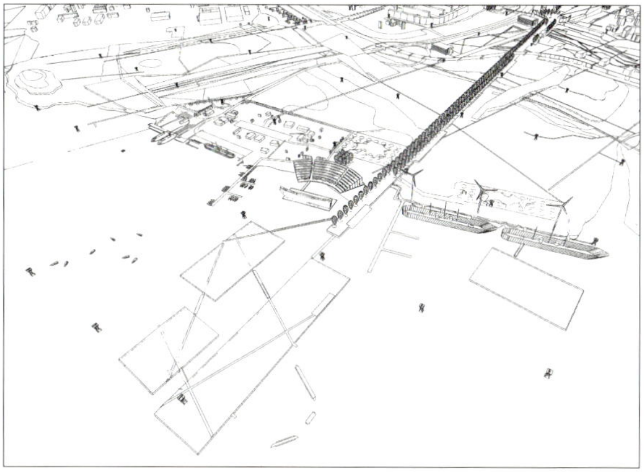

Perspektive Wettbewerb, 1997

Perspective competition, 1997

ihre schwimmenden Inseln formen Fragen, werfen Gedanken auf. Suchen wir nicht die Gärten unserer Träume, der Märchen und klassischen Sagen? Damals, als der Seegott Neptun/Poseidon das Mittelmeer beherrschte, waren auch schon die Wellen der Ostsee gefährlich – heute lässt es sich sicheren Fußes über die Verbindungsstege zu deren Blumeninseln wandeln. //

Maria Auböck // geb. 1951, Dipl.-Ing., Studium der Architektur und Landschaftsarchitektur, Professorin an der Akademie der Bildenden Künste, München ›Gestaltung und Ausstattung im Außenbereich‹ // Gemeinsames Atelier in Wien mit János Kárász seit 1987 // Spezialgebiete: Landschaftsarchitektur, architekturbezogene Außenräume, Gartendenkmalpflege

islands form questions and raise ideas. Do we not seek the gardens of our dreams, of fairytales and classical legends? In ancient times, when the sea-god Neptune/Poseidon ruled the Mediterranean Sea, the waves of the Baltic were also perilous. Today, we can walk sure-footed over the bridges to the islands of flowers. //

Maria Auböck // (born 1951) studied architecture and landscape architecture; teaches at the Academy of Fine Arts in Munich, and has shared a studio with János Kárász since 1987. // Special fields: landscape architecture, preservation of historic gardens

In der Tiefe des Gartens

In the Depths of the Garden

Johannes Kraus

Der Garten – ein künstlich angelegtes Stück Natur – interpretiert seit jeher das Verhältnis des Menschen zur Schöpfung. Gärten sind gedankliche Freiräume. Ich halte es in einer schnelllebigen Zeit für essenziell, dass Gärten grundsätzlich von poetischer, sensibler, freier, langsamer und friedlicher Natur sind. // Gärten bieten so als Ruhepole bedeutsame Bezugspunkte für den modernen Menschen. Gärten sind ein Quell der Inspiration, Kreativität und des friedvollen Miteinanders, sowohl zwischenmenschlich als auch im Verhältnis zwischen Mensch und Umwelt. Gärten sind grundsätzlich positiv besetzt. // Bei den ›Schwimmenden Gärten‹ vereint sich die Idee des Gartens mit dem Mythos des Meeres. Das Meer erweitert die inhaltliche und räumliche Dimension des Gartenthemas. // Die Ostsee tritt bei der grünen Weltausstellung in Rostock in Person des nordischen Meeresgottes Njörd im Zentrum des Garten-Archipels auf. Er ist der Schutzpatron der ›Schwimmenden Gärten‹. // **Genesis** // Am Anfang der Planung stand die Entwicklung eines künstlerischen Gesamtprogrammes, da man auf etwas Vergleichbares nicht zurückgreifen konnte. // In spielerisch-komplexer Arbeitsweise entwickelte ein Planungsteam aus

The garden – an artificially arranged piece of nature – has always interpreted man's relationship to creation. A garden is a space open for thought, and in our fast-moving age it must offer poetry, sensitivity, freedom, leisure and peace. // Thus as a place of tranquillity, a garden provides a significant point of reference for modern man. Gardens are a source of inspiration, creativity and peaceable coexistence, both interpersonal and between man and his environment. Gardens are fundamentally positive places. // The Floating Gardens combine the idea of the garden with the myth of the sea, which extends the space and content of the garden theme. In the green world exhibition, the Baltic Sea is personified by the Nordic sea-god Niord, guardian of the Floating Gardens, surveying them from the centre of the archipelago. // **Genesis** // Lacking any precedent, the planning had to start with the development of a complete artistic programme. Using scale models of between 1:200 and 1:1, a team of architects, landscape architects, engineers and artists developed the setting for the Floating

Architekten, Landschaftsarchitekten, Ingenieuren und Künstlern anhand von Arbeitsmodellen im Maßstab 1:200 bis 1:1 das Erscheinungsbild der ›Schwimmenden Gärten‹ – die barocke Idee des Gartens wurde transformiert. Dies allerdings innerhalb strenger budgetärer Vorgaben. Das Resultat überzeugte den Bauherrn. // Karge, üppig grüne, paradiesisch bunte und mobile Lebensräume bilden vielfältige Erzählstränge. // Zentrales Gestaltungsthema der ›Schwimmenden Gärten‹ ist die Metamorphose: Diese ist räumlich charakteristisch für Rostock mit seinen maritimen Übergangslandschaften; sodann ist sie – in ihrer zeitlichen und globalen Dimension – erlebbar in der Evolution der Pflanzenwelt. Die drei Inseln, die Karge Insel, die Grüne Insel und die Blüteninsel, inszenieren beispielhaft drei wesentliche Entwicklungen der Pflanze: der Schritt an Land, die Verbreitung durch Samen und die Perfektion dieser Verbreitung bei den Blütenpflanzen. // Die Gestaltung der ›Schwimmenden Gärten‹ vereint ein auf den Extremstandort sensibel abgestimmtes Pflanzkonzept mit einem komplexen Ingenieurbauwerk, das einerseits Schwimmfähigkeit und Gebrauchstauglichkeit der Pontonflächen, andererseits die statische Balance

Gardens – the baroque idea of the garden was transformed. All this having been achieved within a tight budget, the concept was accepted by the authorities. // Biotopes of all kinds – barren, lush green, mobile, or with all the colours of paradise – have different stories to tell. // The central theme of the Floating Gardens is metamorphosis; this is characteristic of Rostock, with its maritime landscapes, and can thus be experienced through the evolutionary stages of the plant world. The three islands – Barren Island, Green Island and Paradise Island – demonstrate the three main evolutionary stages of plant life: the transition to land, dissemination, and the perfecting of this by flowering plants. // The creation of the Floating Gardens combines a botanical concept sensitively adapted to the extreme site, with a complex engineering structure assuring on the one hand the buoyancy and usability of the pontoons, and on the other the static balance of each object on them. // It was also necessary to take into account and clear with the authorities such questions as the individual loads

Arbeitsmodelle

Working models

jedes einzelnen Objektes auf den Pontons garantiert. // Wechselwirksam zu berücksichtigen und mit den Behörden abzustimmen waren ferner etwa auch die Einzellasten und Statik der Großobjekte, die Flächenlasten der Vegetations- und Wegeaufbauten, die dynamischen Lasten der Besucher, im Besonderen die Angriffslasten durch Wind und Welle sowie der spezielle Lastfall der Verholung und die unterschiedlichen Wasserstände. Auch waren die Auflagen des Wasser- und Schifffahrtsamtes, des Staatlichen Amtes für Umwelt und Naturschutz und des Bauordnungsamtes zu erfüllen. // **Ein Pilotprojekt** // Erstmals wurden ›Schwimmenden Gärten‹ auf derart großen Pontonflächen geschaffen. Erstmals werden zudem so dicht künstlerische Großobjekte, eine natürliche Vegetation mit über 50.000 Pflanzen und eine Bespielung in einem öffentlichen Gartenkunstwerk zusammengefasst. //

Johannes Josef Kraus // geb. 1964, Mag., Architekt, lebt in Wien // Studium der Architektur in Karlsruhe und Wien // 1990–93 Tätigkeit in Berlin, Los Angeles und Wien // 1994 Gründung von archipel architekten wien // städtebauliche, Hochbau- und Freiraumprojekte, Bühnenbilder, Jurytätigkeit, Wettbewerbe, Studien

and static equilibrium of the large-scale objects, the area loads of the structures for vegetation and paths, the dynamic loads of the visitors, and in particular lateral loads through wind and waves, as well as the special loading case of towing, and the different water-levels. In addition, the conditions laid down by the waterway and shipping authorities, the state authority for the protection of nature and the environment, and the building regulations authority all had to be fulfilled. // **A pilot project** // This is the first time that "Floating Gardens" have been created on such large pontoon areas. It is also the first time that large-scale art objects and natural vegetation with over 50,000 plants have been combined with performance in a public horticultural artwork.

Johannes Kraus // (born 1964) studied architecture in Karlsruhe and Vienna; professional experience in Berlin, Los Angeles and Vienna. // Founded archipel architekten wien in 1994. // Projects in urban planning, building and public space, stage-sets, expert panels, competitions, articles.

Visualisierung des finalen Projektes
Visualisation of the final project

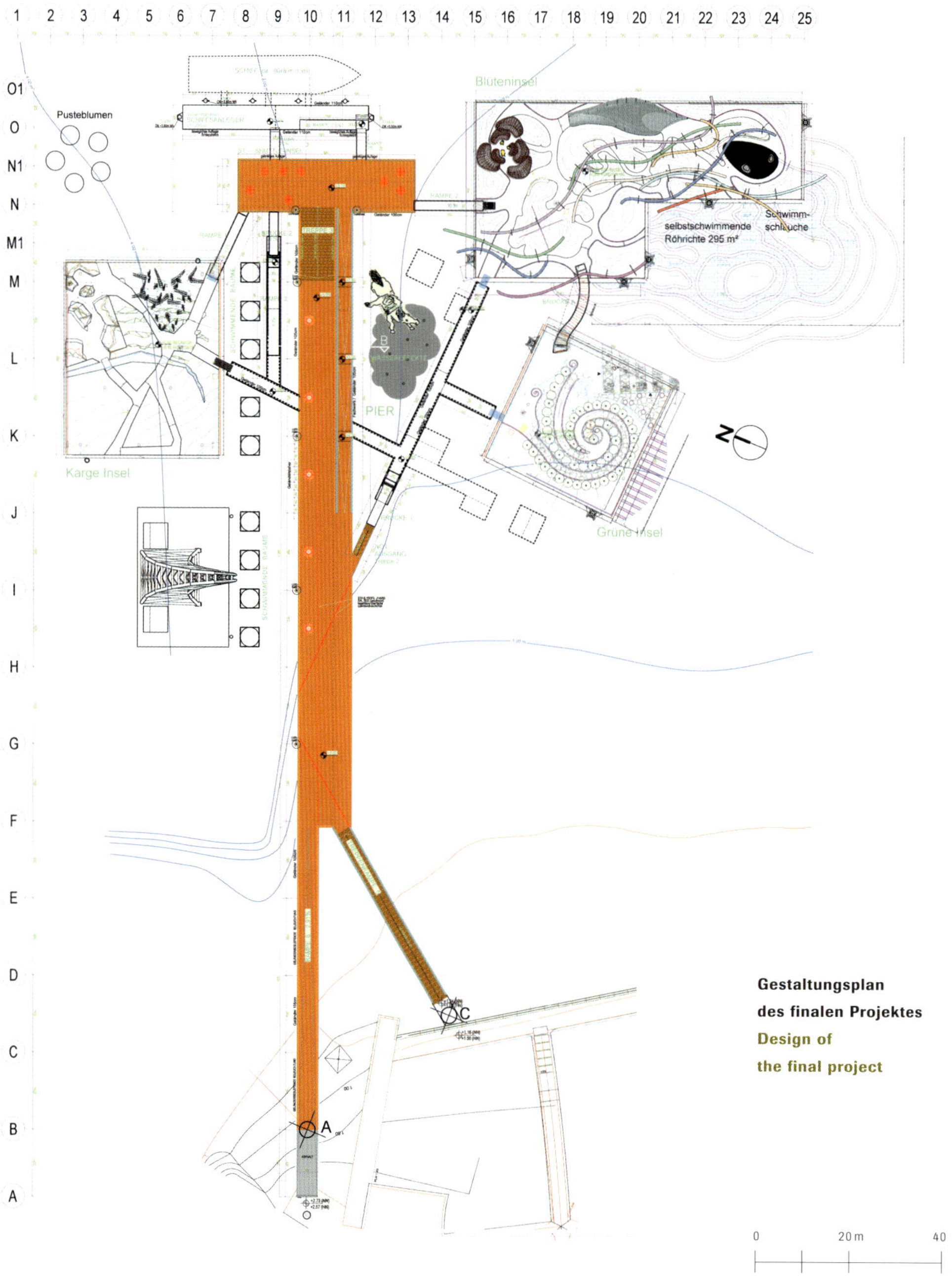

Gestaltungsplan des finalen Projektes

Design of the final project

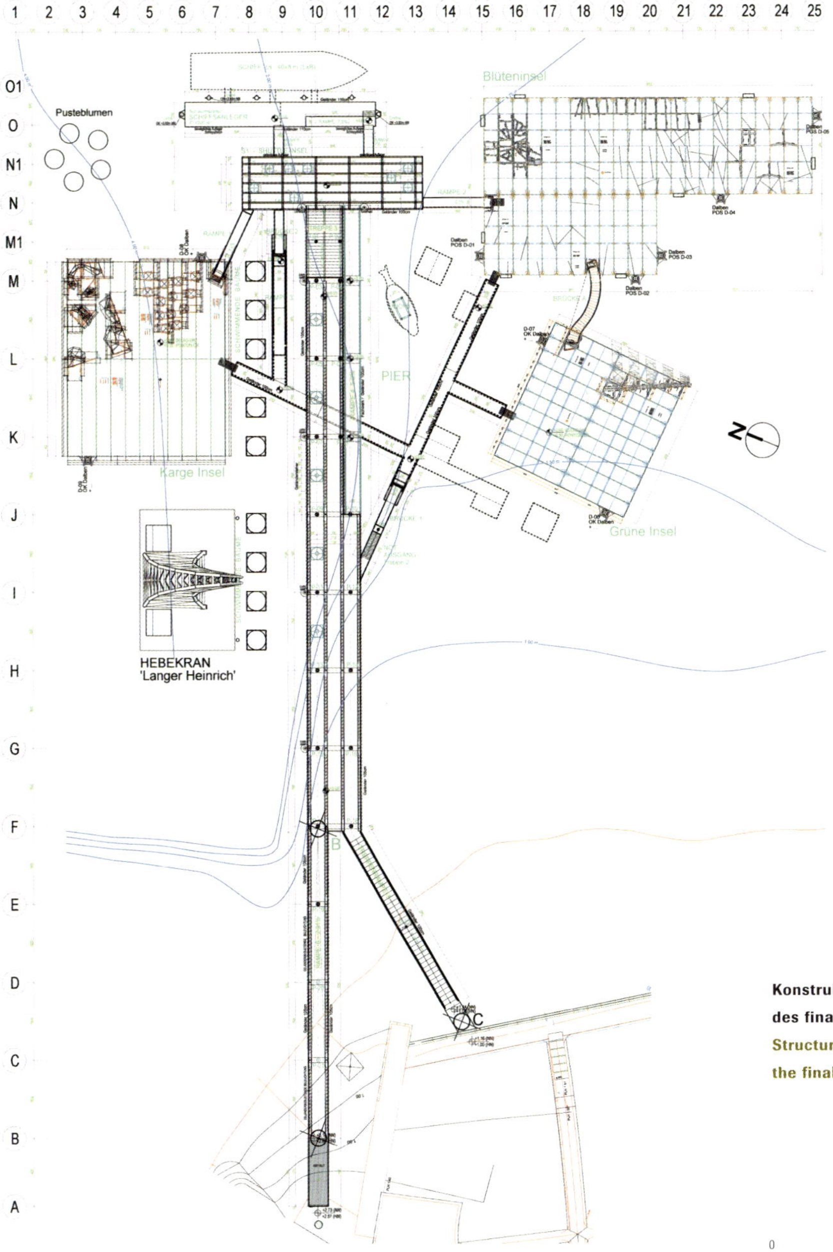

Konstruktionsplan des finalen Projektes
Structure of the final project

0 20 m 40

Der Meeresgott Njörd

Germanische Mythologie

The sea-god Niord

Germanic mythology

Manfred Klein

Der germanische Götterhimmel war vielfältig bevölkert von Alben, Riesen und Zwergen. Göttergeschlechter gab es gleich zwei: die Asen und die Wanen. Die Asen wurden von den nomadisierenden Indogermanen aus Vorderasien mitgebracht, die als vom Wetter abhängige Nomaden die Himmelsgötter verehrten. In östlicher Richtung drangen die indogermanischen Arya (die Reinen) in Indien ein. Dort entwickelte sich aus der indogermanischen Religion der Hinduismus; der hinduistische Donnergott Thundraz entspricht etwa dem germanischen Thor. // Als die Indogermanen im späteren germanischen Raum mit den auf sesshafter Kultur beruhenden Hünengräberleuten zusammenstießen, die als Bauern Erdgötter verehrten, kam es zum Kampf: Er endete in der Verschmelzung zu Germanen. // Dieser Kampf spiegelt sich in der germanischen Mythologie wider als der erste Krieg in der Welt: zwischen Asen und Wanen. In der Mythologie beginnt diese Geschichte mit dem Besuch der Wanengöttin Gullweig bei den Asen. Gullweig zeigt den Asen den ihnen bisher unbekannten Wert des Goldes; obendrein kann sie alles in Gold verwandeln. Die Asen, darauf gierig geworden, wollen Gullweig das Geheimnis des Goldes

The Germanic heaven was peopled by a variety of elves, giants and dwarfs. There were two races of gods: the Aesir and the Vanir. The Aesir were brought from the Middle East by nomadic Indo-Germanic tribes who worshipped sky-gods. To the east, the Indo-Germanic Aryans invaded India, where their religion developed into Hinduism. When the Indo-Germanic tribes encountered the sedentary Bell-Beaker people, who worshipped gods of the earth, warfare ensued. // This struggle is reflected in Germanic mythology as the first war of all – between the Aesir and the Vanir. In mythology, the story begins with a visit to the Aesir by the Vanir goddess Gullweig. She shows the Aesir the value of gold, hitherto unknown to them, and is able to turn everything to gold. The Aesir, now covetous, try to wrest the secret from her by torture. Gullweig withstands them and they are forced to release her. When she tells the Vanir of her cruel treatment, they declare war on the Aesir. The battle rages long and hard, neither side gaining victory. When both races are exhausted, they decide to ex-

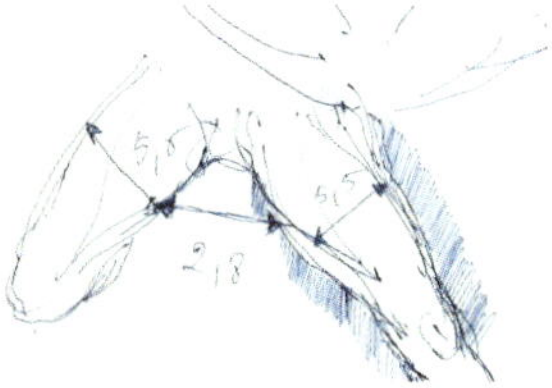   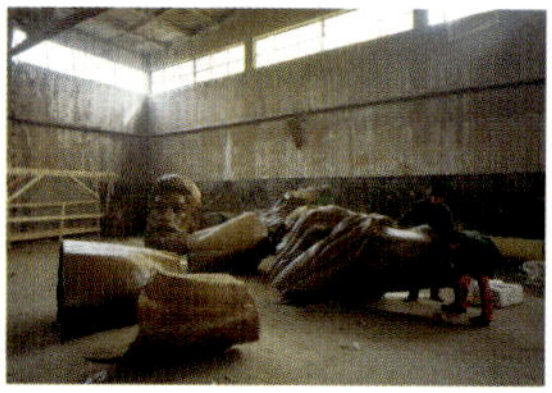

entreißen und foltern sie. Sie aber kann allem standhalten, am Ende müssen die Asen sie ziehen lassen. Zu Hause bei den Wanen erzählt sie, wie übel die Asen ihr mitgespielt hätten, worauf die Wanen den Asen den Krieg erklären. Lange Zeit währt der Kampf, es kann aber keine Seite den Sieg erringen. Als beide Göttervölker erschöpft sind, beschließt man, sich die Opfer zu teilen und Geiseln zu tauschen. Von den Wanen zu den Asen kamen Njörd und dessen beide Kinder aus der Ehe mit Nerthus, Freya und Freyr, Götter der Liebe und der Fruchtbarkeit. Von den Asen zu den Wanen kamen Mimir und Hönir. // **Njörd** // Njörd ist ein Gott des Meeres, und zwar des sicheren, den Menschen günstigen Meeres. Er liebt die Brandung und den Strand und den frischen Meereswind. Die ihn verehrenden Menschen siedelten an der Ostsee, besonders im Norden des germanischen Siedlungsraumes. // Sie rühmten Njörd für seine Güte und Weisheit und seine Macht, dem Sturm Einhalt zu gebieten. // Als Meeresgott ist Njörd unermesslich reich, da er über die Reichtümer des Meeres verfügt und den Handel beschützt, der in dieser Zeit hauptsächlich über Wasserwege führte. Man kann Njörd ohne weiteres als ›Kultur-

change hostages. The Aesir gain Niord and his two children Freyja (goddess of love) and Freyr (god of fruitfulness) in exchange for Mimir and Honir. // **Niord** // Niord was a sea-god – of the sea propitious to mankind. He favoured the surf and the shore and the fresh sea-breeze. His worshippers settled on the Baltic coast, honouring Niord for his beneficence and wisdom, and for his power to calm the tempest. // Niord was immeasurably rich, having at his disposal the entire wealth of the ocean, and he protected trade, which at that time was carried out mainly by sea routes. A god of peaceful coexistence, he brought peace and prosperity to man. // After Niord had come to the Aesir as a hostage, he lived in Asgard, in Castle Noatun ("mooring-place"). His children Freyja, the radiant goddess of love, and Freyr lived in Castle Gladsheim ("home of joy"). // Niord's opponents were the storm giants of the North Sea: Aegir the Terrible, god of the stormy ocean, and his wife Ran, who drew ships into the depths to rob the drowned sailors of their souls and their treasures. // The Aesir were at

heros‹ bezeichnen, ähnlich Prometheus, der den Menschen das Feuer brachte. Njörd bringt den Menschen Wohlstand und Frieden, er ist ein Gott des friedlichen Miteinanders, wie ja Wasser immer schon eher verbindend als trennend war. Besonders in einer Zeit, da die Straßen nichts anderes als unsichere Trampelpfade waren, hatte Wasser eine völkerverbindende Wirkung. // Nachdem Njörd nach dem furchtbaren Krieg als Friedensgeisel zu den Asen gekommen war, bewohnte er in Asgard[1] die Burg Noatun, was soviel wie ›Schiffsstätte‹ bedeutet. Seine Kinder Freya, die strahlende Göttin der Liebe, die zugleich kriegerische Züge tragen konnte, und Freyr, sein Sohn, bewohnten die Burg Gladsheim, das ›Heim der Freude‹. // Antagonisten Njörds waren die furchtbaren Sturmriesen der Ostsee, Ägir, der Grauenhafte, Herr des stürmischen Meeres und seine Frau Ran, die Raffende. // Ran, deren Attribut das Netz ist, zieht Schiffe in die Tiefe, um den Ertrunkenen ihre Seelen und Schätze zu rauben. // Die Asen hatten Streit mit einem Blitzriesen namens Thiassi; Thor tötete ihn mit seinen Eisenhandschuhen. Als dessen Tochter Skadi kam und Sühne forderte, boten ihr die Asen an, einen der ihren zum Mann zu nehmen und fortan

odds with the lightning giant Thiassi, whom Thor killed with his iron gloves. When his daughter Skadi came to demand atonement, the Aesir offered her the choice of one of their number in marriage and residence in Asgard. Strangely enough, however, she was permitted to see only the feet of the gods. She was supposed to choose Balder, the handsome god of light and of art, but instead she chose Niord because he had the finest feet. Their marriage was not a success; Skadi loved winter and the mountains, Niord warmth and the sea. They soon parted, and Skadi became the partner of Ull, son of Odin, an archer and god of winter. // In the Neolithic Period, Niord was probably a hermaphrodite god who divided into a male and a female part as the patriarchy strengthened. The male part became Niord, the female part Nerthus, whom the Vanir regarded as his wife and mother of Freyja and Freyr. In the central Germanic region, Nerthus had her own cult. //

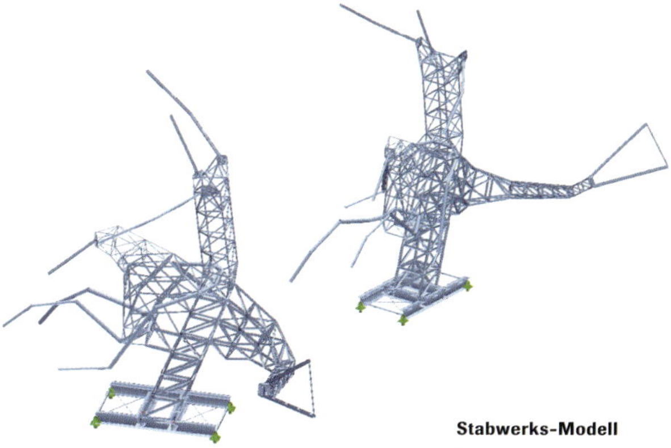

Stabwerks-Modell
Frame structure model

in Asgard zu leben. (Sie wäre nicht die erste Nichtasin gewesen: Die liebliche Idun[2] stammt von den Zwergen, Loki[3] von den Feuerriesen ab). Seltsamerweise durfte sie aber nur die Füße der Götter sehen. Wählen wollte sie Baldur, den schönen Gott des Lichtes und der Kunst, statt dessen aber wählte sie Njörd, weil der die schönsten Füße unter den Göttern hatte. Die Ehe verlief nicht zur Zufriedenheit beider: Skadi liebte den Winter und die Berge, Njörd die Wärme und das Meer. Nach kurzer Zeit trennte man sich wieder, und Skadi verband sich mit Ull, dem Bogenschützen und Gott des Winters, einem Sohn Wotans. // Interessant ist, dass Njörd im Neolithikum eine hermaphroditische Gottheit gewesen sein dürfte, die sich mit dem Erstarken des Patriarchats in einen männlichen und weiblichen Teil trennte. Der männliche Teil wurde zu Njörd, der weibliche Teil zu Nethus, seiner Frau bei den Wanen, mit der er Freya und Freyr zeugte. Nerthus hatte in Mittelgermanien einen eigenen Kult. //

Manfred Klein // geb. 1964, Buchdrucker und Schriftsetzer, Studium der Pädagogik, lebt in Wien // Seit 30 Jahren Interesse an Göttern und Heldensagen; seit 15 Jahren Wissenschaftliche Arbeit und vergleichende Studien im Bereich der nordischen Mythologie

Manfred Klein // (born 1964), printer and typesetter; studied education, lives in Vienna. // Long-standing interest in gods and heroes; academic and comparative studies in the field of Nordic mythology.

(1) Wohnsitz der Asen, eine der neun Welten // (2) Göttin der Jugend, Gattin von Bragis, dem Dichtergott // (3) Feuergott, Blutsbruder Wotans und ›Trickser‹

Die karge Insel

Barren Island

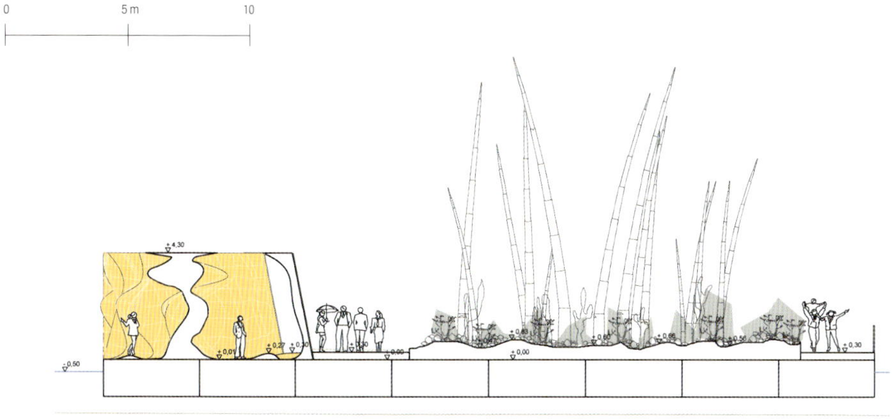

Schnitt
Section plan

Die Erzählung der ›Schwimmenden Gärten‹ wird mit der Kargen Insel eröffnet, dem Ursprung der vegetativen Besiedlungsformen: als Abbild einer vom Eruptivgestein der Vulkaninseln sowie von Trockenheit und Wind geprägten Landschaft. Steilwände und Schluchten bilden die Räume dieser Insel. Gleichzeitig erhebt sich ein großes künstliches Objekt aus der kargen Landschaft – der Orange Raum. Dieser ist in Anlehnung an eine windgeformte, vertrocknete, vergangene Flusslandschaft hergestellt und dominiert diese Insel. In einer kontrastreichen Komposition aus schroffem Naturstein und farbiger Vegetation, die aus Spalten und Ritzen sprießt, finden wir künstliche Interpretationen von Grashalmen, angelehnt an Schachtelhalme, die bis zu einer Höhe von zwölf Metern emporsteigen und sich im Winde wiegen. Zur Verstärkung der dynamischen Bewegungen an diesem Extremstandort ist die Landschaft um artifizielle und natürliche Gräser mit windgestalteten Gehölzen als Hommage an raue Küstenlandschaften ergänzt. Ein Geysir bricht aus. Zusätzlich ist die Insel mit sprühenden, nebelnden und tropfenden Wassereffekten ausgestattet.

The story told by the Floating Gardens opens with the Barren Island as the primitive form of land vegetation, showing a landscape shaped by dry winds sweeping over steep volcanic rocks and ravines. A huge artefact rises from the barren landscape – the Orange Canyon. Made in the image of a windswept, dried-up river landscape of the distant past, this dominates the island. A varied composition of rugged natural rock and vegetation sprouting from cracks and crevices includes artificial interpretations of grasses reminiscent of horsetails, rising to a height of twelve metres and swaying in the wind. To reinforce the dynamic movement in this extreme site, the landscape has been enhanced with artificial and natural grasses and wind-blown spinneys, as a homage to rugged coastal landscapes. A geyser erupts. All over the island there are spray, mist or droplet water-effects.

Gestaltungsplan

Design

Konstruktionsplan

View of structure

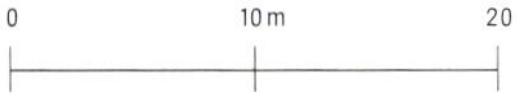

Kopplung der Einzelpontons zu Inseln

Connecting individual pontoons to islands

Grashalme
Grasses

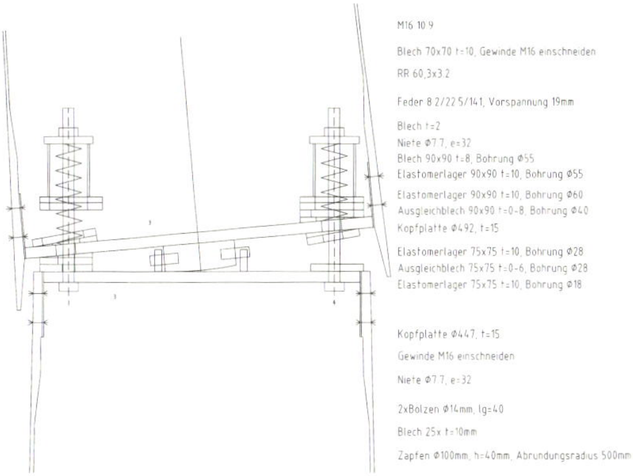

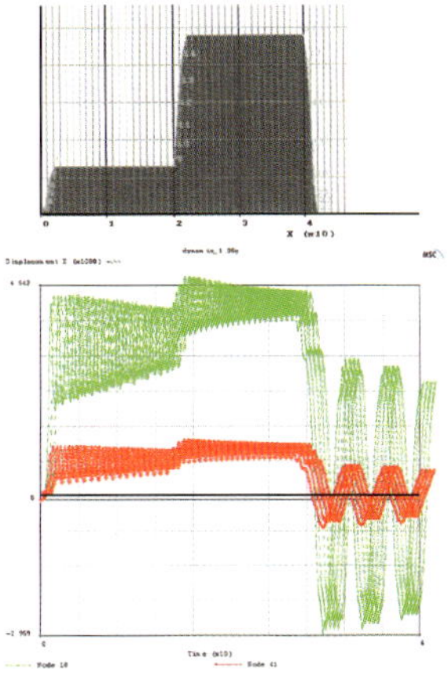

Gelenkdetail der durch Wind beweglichen, 12 m hohen Grashalme mit dynamischer Windanalyse

Hinge of wind blown 12 m-high grasses with dynamic analysis of wind power

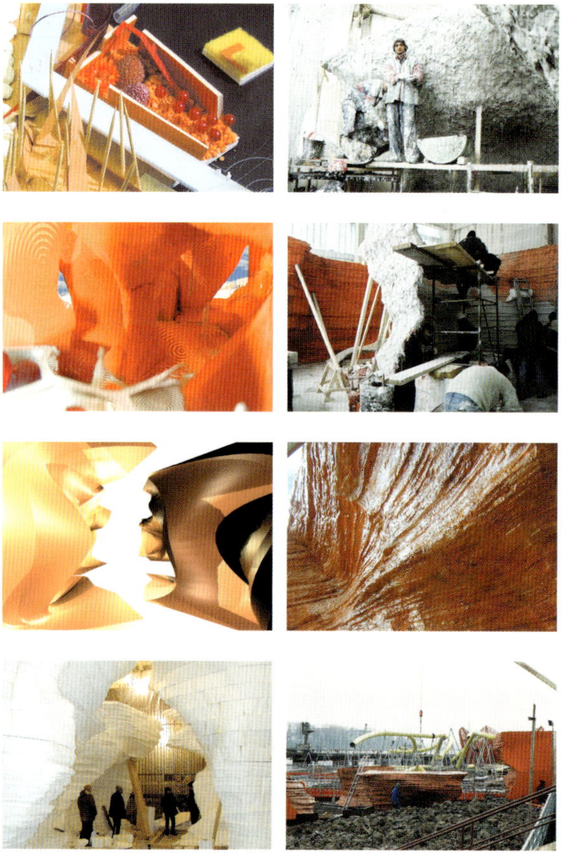

Oranger Raum

Orange canyon

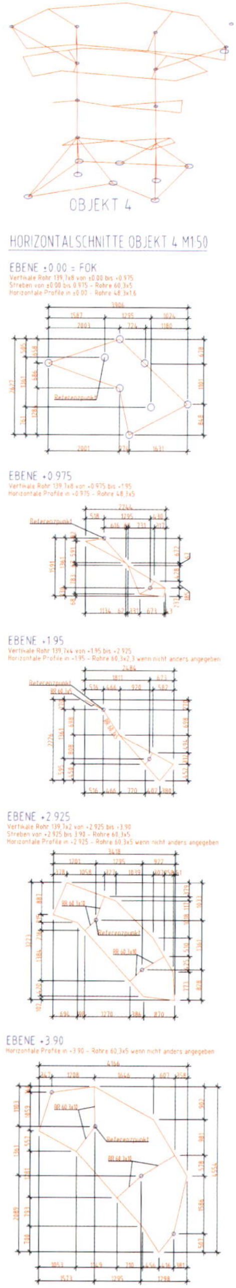

Objekt 4, Konstruktionszeichnung des Stabwerkes

Object 4, construction of the framework

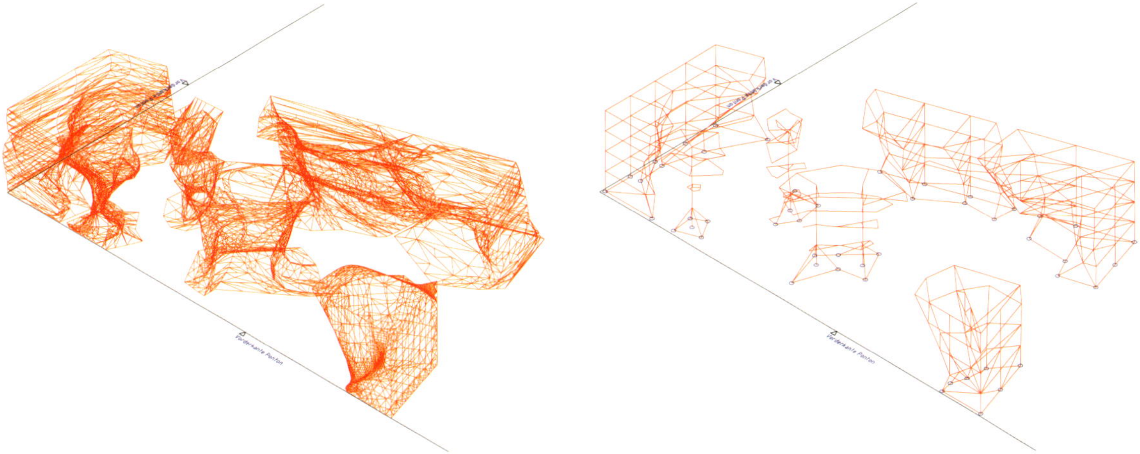

Darstellung des Gesamtkörpers und der Stabwerke
View of volume and framework

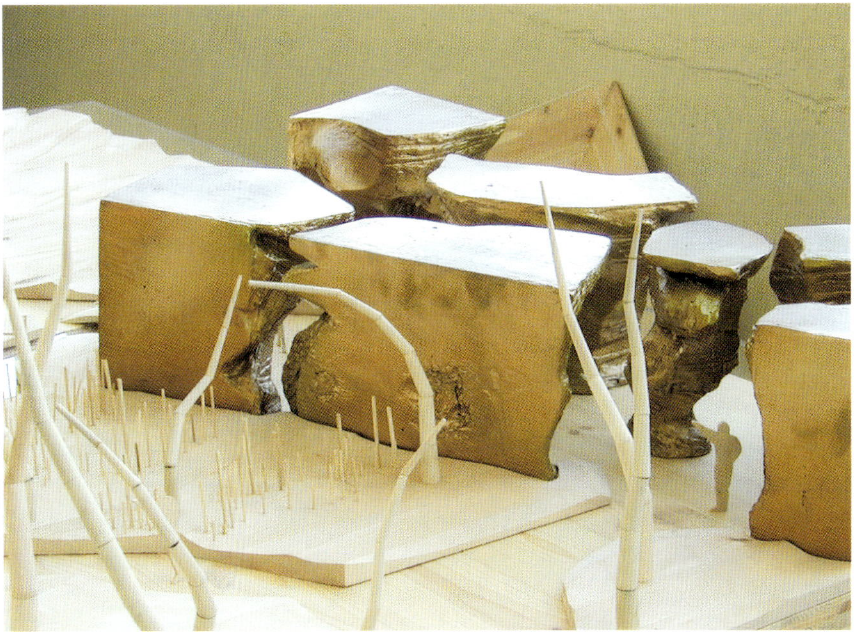

Modell 1:25
Model 1:25

Die grüne Insel

Green Island

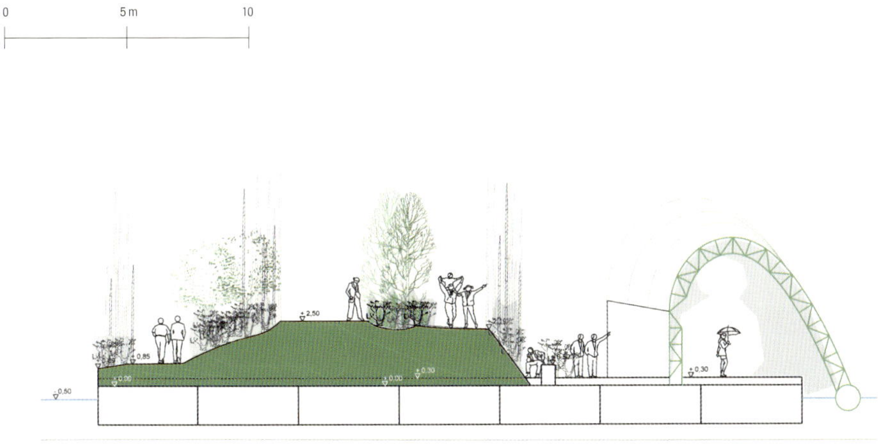

Schnitt
Section plan

Die Grüne Insel wird als Folgelandschaft der Kargen Insel thematisiert, geprägt durch große Pflanzenvielfalt und üppiges Wachstum. Das Relief der Grünen Insel zeigt eine begrünte spiralförmige Erhebung, die sich der Besucher über einen geschwungen ansteigenden Weg erschließen kann. In der Mitte befindet sich ein verspielter Brunnen. Zentrales Thema der Insel sind das Grün der Pflanzen in vielfachen Farbnuancen sowie die unterschiedliche Formgebung der Blätter und des gesamten Habitus der Pflanzen. Die raumgebende Kulisse wird von säulenförmigen Hainbuchen, groß- und kleinkronigen Bäumen, gebildet. Im Meeresgarten wird eine künstliche, unterschiedlich dichte Zwischenwelt erzeugt. Die Kulissen dieses artifiziell hergestellten ›Fraktalraumes‹ werden durch die Raumakustik und die Darstellung natürlicher Lebensräume zusätzlich inszeniert. Vorlagen für den schwebenden Fischschwarm sind Kinderzeichnungen aus aller Welt.

The Green Island is the chronological successor to the Barren Island, shaped by the lush growth of a wide variety of plants. In relief, this island shows a spiralling green elevation, accessible by a path curving upwards. In the centre is a fanciful spring. The central theme of this island is the difference in shades of green, the variously-shaped leaves and the overall growth and appearance of the plants. The setting is formed by pillars of hornbeam and wide- and narrow-crowned trees. In the Sea-Garden, an intermediate world of varying density is created through room acoustics and the representation of natural habitats in an artificially produced marine environment. The swarm of fish is modelled on children's drawings from all over the world.

Objekt-Unterkonstruktionen auf den Pontons
Verholen der Inseln
Grating-beams for objects on the pontoons
Towing the island

Gestaltungsplan
Design

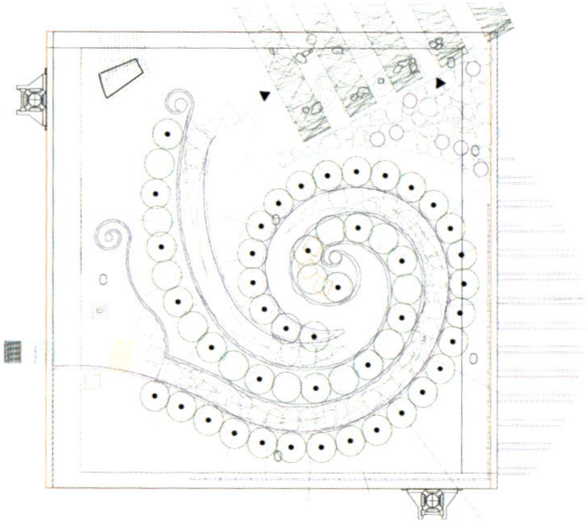

Konstruktionsplan
View of structure

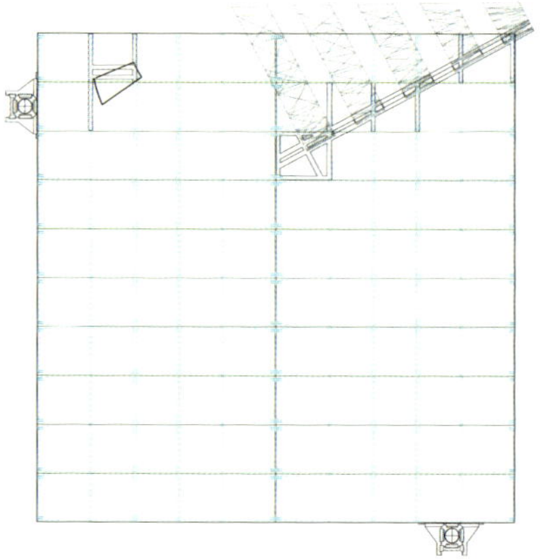

0 10 m 20

Meeresgarten
Sea-Garden

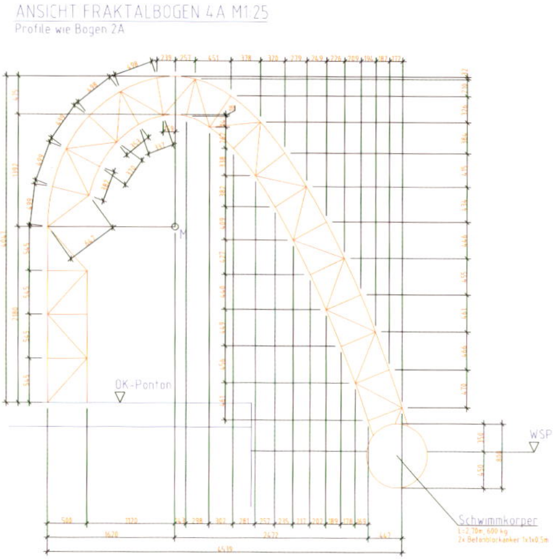

Konstruktionszeichnung eines auf einem Schwimmkörper gelagerten beweglichen Fachwerk-Bogens

Construction of arch-framework with floating support

Fischschwarm
Swarm of Fish

Brunnen
Spring

Die Blüteninsel

Paradise Island

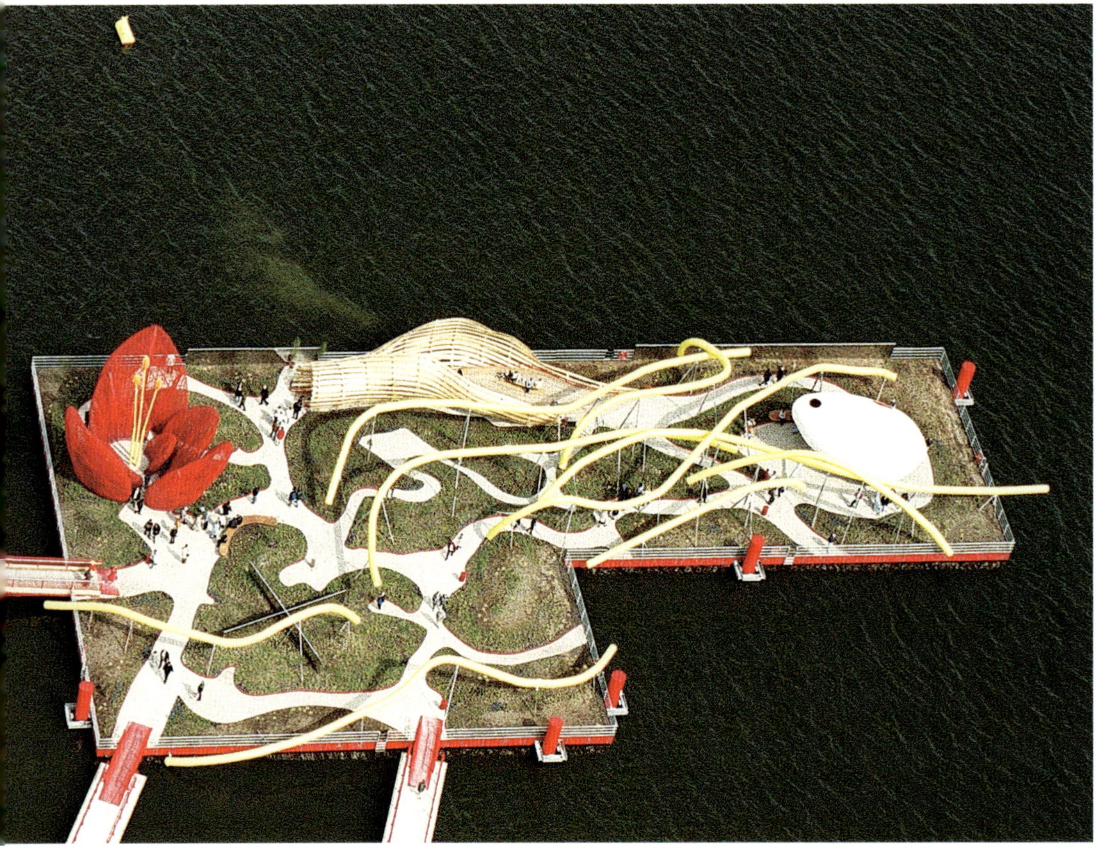

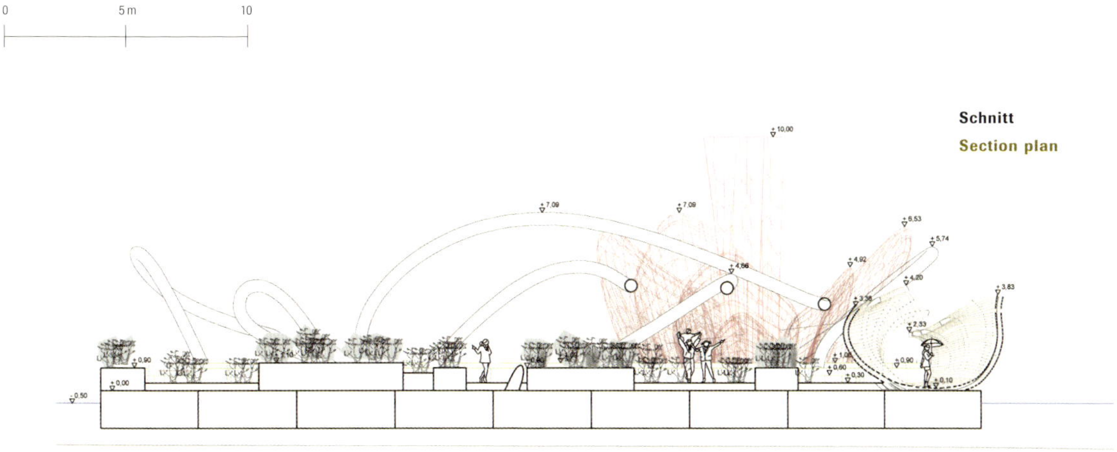

Schnitt

Section plan

Auf der Blüteninsel sind artifizielle Großobjekte innerhalb eines bandartigen malerischen Blütenteppichs aus Stauden und Wechselflor, einzelnen Solitärsträuchern, Kletterpflanzen und Solitärgräsern ausgestellt. Den Auftakt der Einzelobjekte bildet die Große Rote Blüte, die als fest installierte, käfigartige Stahl-Konstruktion ausgeführt ist. Das Innere der Blüte ist begehbar. Die in der Nachbarschaft liegende Calla-Blüte ist eine mit Lamellen beplankte Holz-Konstruktion. Das vergrößerte Samenkorn besteht aus einer polyesterbeschichteten Sandwich-Konstruktion und liegt inmitten der Blütenwiese. Der raumgebende Pollenflug schwebt wellenförmig über der Insel und verbindet bzw. umspielt die künstlichen Blüten, die einzelnen Objekte und die Pflanzbereiche.

On Paradise Island, artificial large-scale objects are exhibited within a strip of flowering carpet with herbaceous perennials and seasonal blooms, single shrubs, grasses and climbing plants. The first of these objects is the Great Red Bloom, a fixed, cage-like steel construction large enough to admit visitors. The nearby Calla (Arum Lily) is a slatted wooden construction. The Great Seed in the centre of the flowering meadow is a polyester-coated sandwich construction. The Pollen Cloud hovering over the island links the artificial blooms, the individual objects and the plant areas.

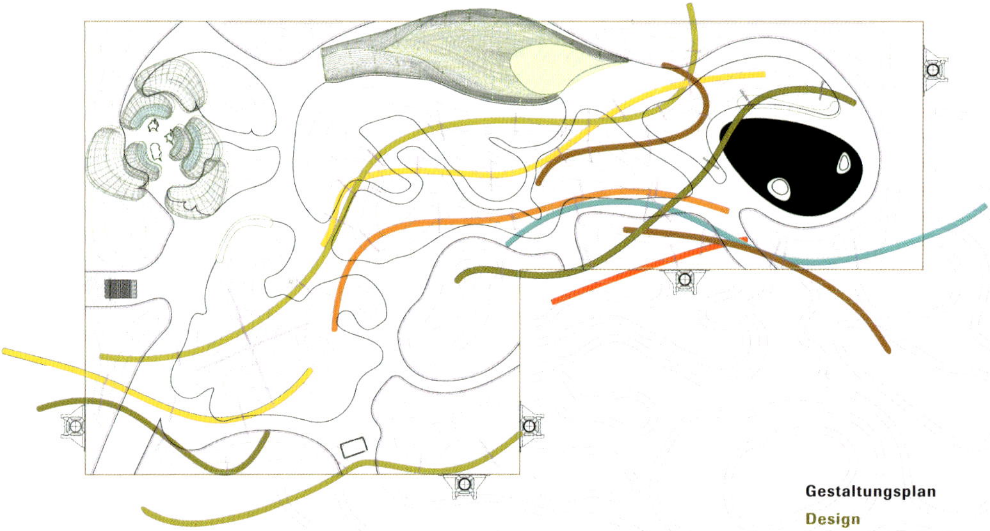

Gestaltungsplan
Design

Konstruktionsplan
View of structure

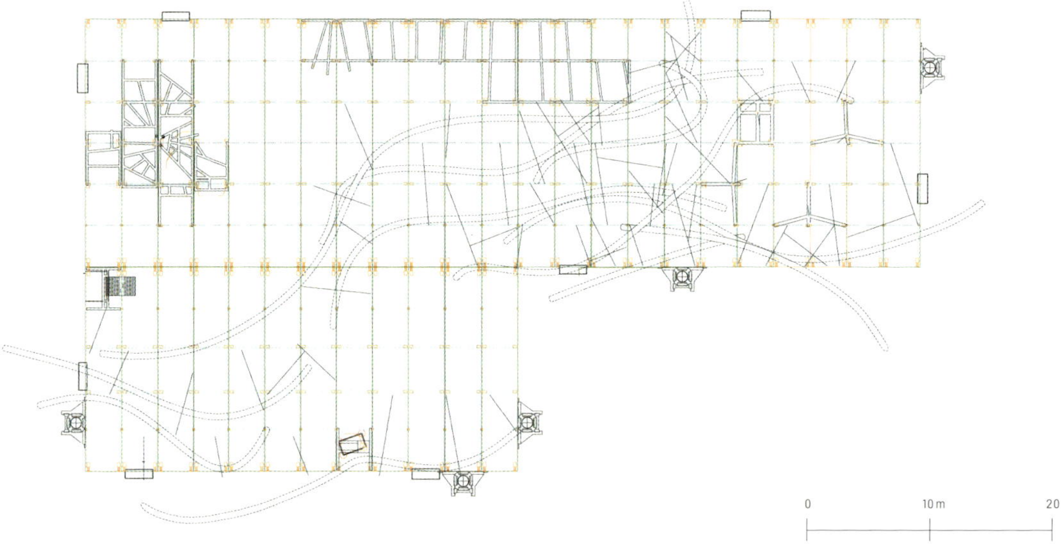

Pollenflug
Pollen Cloud

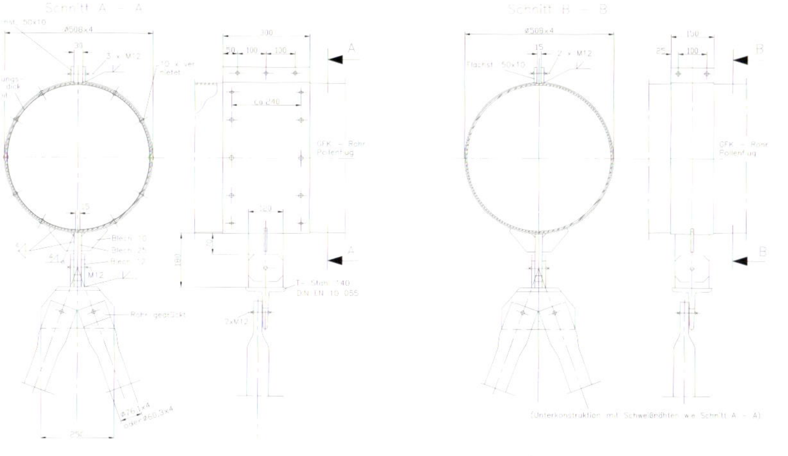

Konstruktionszeichnung des Befestigungsringes
Construction of a fixing ring

Samenkorn
Great Seed

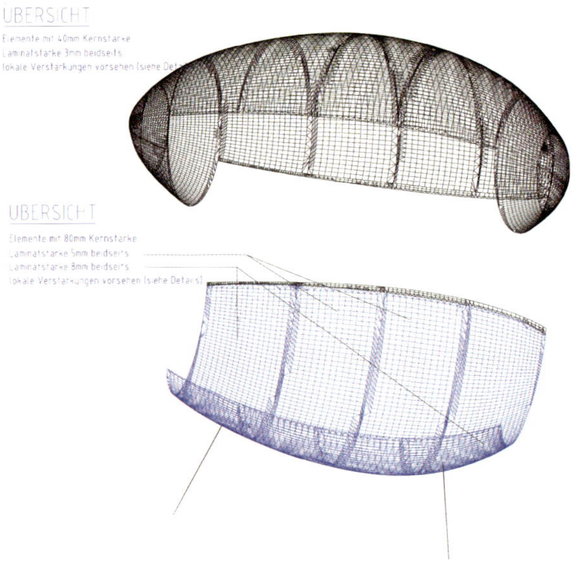

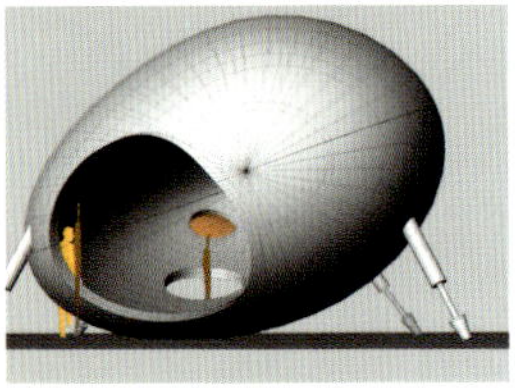

Visualisierung der Schalenkonstruktion
Visualisation of the shell structure

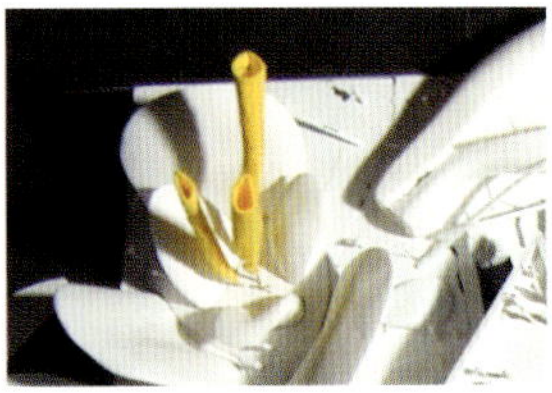

Große Rote Blüte
Great Red Bloom

Calla
Calla (Arum lily)

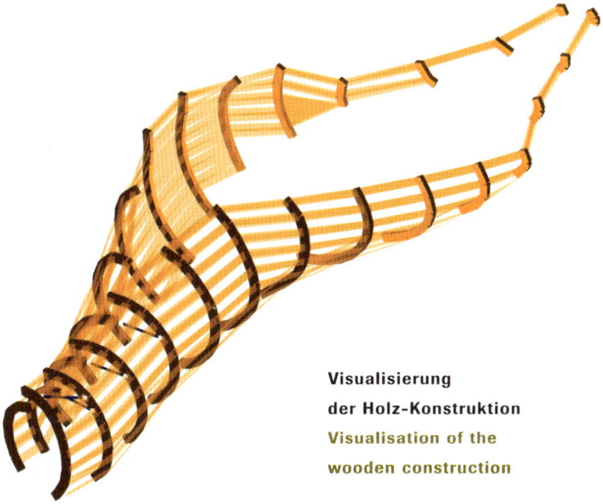

Visualisierung der Holz-Konstruktion
Visualisation of the wooden construction

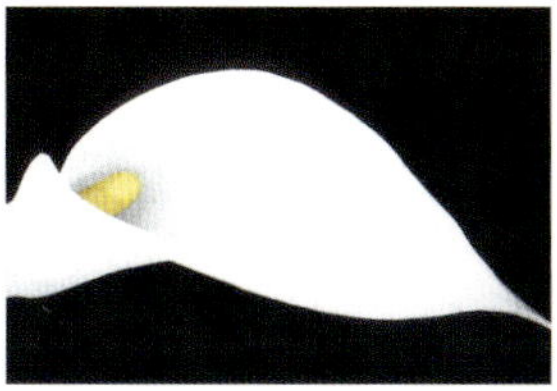

Realität und Kunst

Art and Reality

Eugene Postolache

Mit unserer bisherigen Erfahrung großmaßstäblicher Arbeiten im Bühnenbildbereich hatten wir auf den ›Schwimmenden Gärten‹ in Rostock die Gelegenheit, skulpturale Objekte frei von theatralischer Dimension zu schaffen und ihnen gleichzeitig architektonische Qualitäten zu verleihen. Glück oder Schicksal ist es, wenn man derart große Objekte in einer so kurzen Zeit und unter sehr strengen Bedingungen zu realisieren hat: Am Bau der Großskulpturen waren 30 Fachkünstler, 14 Ingenieure, 10 Meister und 80 Facharbeiter beteiligt. // Ausführungsphase Objekte: 6 Monate // Für den Bau und die Vormontage der Großobjekte war eine Arbeitsfläche von insgesamt 8.000 Quadratmeter erforderlich. // Für die Realisierung der Objekte Njörd, Samenkorn und Oranger Raum wurden 8.000 Kubikmeter Styropor, 30 Tonnen Gips, 20 Tonnen Ton, 20 Tonnen Metall und 17 Tonnen Epoxiharz verbaut. // Der Transport der Objekte von Bukarest bzw. Konstanza nach Rostock erfolgte über 19 Groß-Lkws. // Alle Objekte wurden hierfür transporttauglich zerlegt. // Die End-Montage der Objekte in Rostock erfolgte in 50 Tagen mit einem Team von 10 bis 15 Personen. // Alle diese Daten stellten eine große Herausforderung dar. Hinzu kam noch ein durch eine öffentliche Ausschreibung strikt festgesetzter Rahmen bezüglich der baubehördlichen Auflagen, der statisch-konstruktiven Erfordernisse und des künstlerischen Anspruchs. Wir entwickelten die Skulpturen und Objekte, indem wir deren Volumen aus ihrer künst-

With our previous experience in large-scale works for stage-sets, on the Floating Gardens we were able to create sculptural objects, unrestricted by theatrical dimensions, and thus to give them architectural qualities. We certainly needed luck on our side, however, to create such large objects in such a short time, under extremely rigorous conditions. 30 artists, 14 engineers, 10 master craftsmen and 80 skilled workers collaborated in the construction of the large-scale sculptures. // Timescale for implementation: 6 months // A total working surface of 8,000 m^2 was required for the construction and assembling of the objects // For Niord, the Great Seed and the Orange Canyon, 8,000 m^2 of polystyrene, 30 tons of plaster, 20 tons of clay, 20 tons of metal and 17 tons of epoxy resin were used. // Transport of the dismantled objects from Bucharest and Constanza to Rostock required 19 HGVs. // A team of 10-15 took 50 days for the final assembly in Rostock. All these data represented an enormous challenge. In addition, strict rules were laid down in the tendering procedure by the planning department, regarding technical requirements and artistic standards. We developed the sculptures and objects by working out their volume from the artistic perspective on a 1:1 scale, rather than simply enlarging the tendered 1:25 models; every scale has its

lerischen Perspektive im Maßstab 1:1 und nicht als ›trockene‹ Vergrößerungen der Ausschreibungs-Modelle im Maßstab 1:25 bearbeiteten – jeder Maßstab hat seine eigene Natur. Wir betrachten die ›Schwimmenden Gärten‹ als eine barocke Erfahrung. Realität und Kunst determinieren sich hier gegenseitig. Sie schaffen ein neues Raumgefühl, durch dessen Erleben man ein neues Verständnis zu Realität und Kunst erfährt. Ich glaube, dass uns etwas Ungewöhnliches gelungen ist.

Eugene Postolache // geb. 1963 in Moskau, akademischer Bildhauer, Studien und Diplom in Bildhauerei an der Kunstakademie Bukarest // Abgestufte Studien für Dekorationen- und Kostümdesign an der Yale Drama School, USA. Gründer und Inhaber der Firma ART DECO.

own inherent nature. We see the Floating Gardens as a baroque experience. Here art and reality are mutually determinative. They create a new feeling for space which offers a new perception of art and reality. I think we have achieved something exceptional here.

Eugene Postolache // (born 1963 in Moscow) graduated in Sculpture at the Fine Arts Academy, Bucharest // graduated in Set and Costume Design at Yale Drama School, USA // Founder and owner of ART DECO.

Die Pier

The Pier

Auf der Pier tritt der Mensch ins Evolutionsgeschehen. Die Pier als feststehende Bezugsachse wird den Blick von und zu den ›Schwimmenden Gärten‹ immer wieder verändern. Gekoppelt an Wind und Wetter, an die jahreszeitlichen Veränderungen und unterschiedlichen Tagesstimmungen, vollzieht sich eine lebendige, im Wandel befindliche Perspektive. Der Besucher wird auf angenehme Weise die vielfältigen Erscheinungsformen der ›Schwimmenden Gärten‹ im Frühling, Sommer und im Herbst im besonderen Licht der Ostsee erleben können. // Der 60 Meter hohe Schwimmkran Langer Heinrich, ein Exponat des Schifffahrtsmuseums Rostock, 100 Jahre alt und nahe der Pier an Ankersteinen fixiert, verweist auf die Nutzung des Areals nach der IGA hin.

On the Pier, the genus Homo enters the course of evolution. The fixed axis of the pier offers varying perspectives of the Floating Gardens, enhanced by the changes of season and the different atmosphere according to the time of day. The visitor will be able to experience the changing face of the Floating Gardens through spring, summer and autumn, in the characteristic Baltic light. // The 100-year-old floating crane Langer Heinrich, anchored near the pier, is an exhibit from the Rostock Shipping Museum, and indicates the projected use of the site after the IGA.

Vegetationskonzept

Vegetation concept

Udo Bode

Die Internationale Gartenbauausstellung in Rostock findet am Wasser statt. Die ›Schwimmenden Gärten‹ spielen mit diesem in Rostock allgegenwärtigen Element. Die natürlichen Einflüsse mit böigem Wind, intensiver Sonneneinstrahlung, plötzlichen Regenschauern und dem an den Küsten vielfach imposant erlebbaren Wetterwechsel bieten dem Besucher ein unvergessliches Erlebnis von Gärten auf dem Wasser. // Die eingesetzten Materialien, Objekte und Pflanzen bilden ein atmosphärisches, farbenfrohes Gesamtbild und sind ein emotionaler Bestandteil der Internationalen Gartenbauausstellung der Stadt Rostock und des Landes Mecklenburg-Vorpommern. // Die ›Schwimmenden Gärten‹ sind eine transformierte Landschaft: ein Stück inszenierte Natur auf einer vom Menschen geformten Flussmündung. // Die Gartengestaltung entwickelt sich in Anlehnung an natürliche Landschaften. Alles was unsere Vorgänger – Landschaftspfleger und Landschaftskünstler – an Erfahrungen aus fernen Ländern mitgebracht haben, wird in der näheren Umgebung sichtbar. Die ›Schwimmenden Gärten‹ verdeutlichen dieses Prinzip, sie stellen Landschaften ferner Länder, aber auch Mikrolandschaften dar. // Die vier Elemente – Erde, Wasser, Feuer, Luft – bilden die Grundlage des Lebens. Auf den ›Schwimmenden Gärten‹ werden diese Elemente in Ihrer Wechselwirkung, Dynamik und Ausdruckskraft inszeniert und für den Besucher erlebbar gemacht. Die Entdeckung verborgener Schätze, die Begegnungen mit natürlichen Gärten und künstlichen Objekten,

The 2003 International Horticultural Exhibition takes place on water. This element, omnipresent in Rostock, is turned to effect by Floating Gardens. The natural influences of gusting wind, powerful insolation, sudden showers, and the coastal weather with its frequent and impressive changes all offer the visitor a memorable experience of gardens on the water. // Materials, objects and plants together form an atmospheric and colourful overall picture, as emotional components of the Exhibition. // The Floating Gardens are a transformed landscape – a piece of nature staged on a river estuary shaped by man. // The layout is developed in imitation of natural landscapes. All the experience our landscaping predecessors have brought from foreign parts is manifest in the area. The Floating Gardens make this principle clear, representing landscapes of foreign climes as well as micro-landscapes. // The four elements – earth, water, fire, air – form the basis of life. On the Floating Gardens, the interplay, dynamism and expressive force of these elements are staged in such a way that the visitor experiences them directly. The discovery of hidden treasures and encounters with natural gardens and artificial objects combine to create the special charm of the Floating Gardens for young and old alike. // **Barren Island** // Herbaceous perennials in the rock-gardens sym-

das schafft den besonderen Reiz der ›Schwimmenden Gärten‹ für Jung und Alt. // Karge Insel // Stauden des Lebensbereiches ›Steinanlagen‹ versinnbildlichen die ursprüngliche vegetative Besiedlung. Gelborange- bis rotblühende Steinbrechgewächse – Saxifraga-, Sedum- und Sempervivum-Arten und -Sorten – sprießen aus den Spalten und Ritzen der schroffen Vulkanlandschaft wie feurige Lava. // Aus den Gesteinsflächen erheben sich Agaven, Palmlilien und Junkerlilien (Agave i. A., Yucca filamentosa, Asphodeline lutea)**. Zur Verstärkung der dynamischen Bewegungen an diesem Extremstandort ist die Landschaft um natürliche Gräser wie Moskito-, Feder- und Pampasgras** (Bouteloua gracilis, Stipa i. A., Corta-deria selloana) **ergänzt – sie umspielen die artifiziellen, sich im Wind bewegenden Riesen-Grashalme. Als Hommage an raue Steilküsten krönen sieben windgestaltete Kiefern** (Pinus banksiana) **die Insel. // Grüne Insel // Zwei Baumreihen aus Weißerlen, Säulenhainbuchen und Felsenbirnen** (Alnus incana, Carpinus betulus ›Fastigiata‹, Amelanchier lamarckii) **folgen dem spiralförmig zur Quelle hin ansteigenden Weg als raumgebende Kulisse. Die äußere Hangkante der begrünten Erhebung bildet dichtes, in Form geschnittenes Weidengebüsch** (Salix fragilis, Salix purpurea ›Nana‹)**. Im Inneren der Insel präsentieren sich Stauden und Farne des Lebensbereiches ›Gehölzrand‹ in verschiedensten Grüntönen, Blatt- und Habitusformen: Großblättrige Funkien und Bergenien** (Hosta i. A., Bergenia-Hybr.) **stehen im Kontrast zu feingliedrigem Bambus- und zartem Astilben-**

bolise the evolutionary stage in which plant life ventured on to land. Saxifrage, stonecrop and sempervivum, flowering in shades of yellow, orange and red, sprout like fiery lava from the cracks and crevices of the rugged volcanic landscape. // Agave, Adam's needle and king-spear grow amongst the rocks. To reinforce the dynamism of this extreme site, natural grasses such as mesquite, feather and pampas grass ripple around the artificial giant grasses blowing in the wind. Seven wind-turned pine-trees crown the island. // Green Island // Two rows of trees – grey alder, hornbeam and juneberry – line the path spiralling up to the spring. The slope is thickly covered with crack-willow and purple osier, cut to shape. The interior of the island has shrubs and ferns of all shapes, leaf-forms and shades of green: plantain lily and bergenia contrast with delicate bamboo and astilbe leaves. Prickly rhubarb and rodgersia wave their giant leaves, and oak-ferns put forth glowing golden fronds. // Cushion-plants sprout from the gabions, together with bearskin fescue and delicate maidenhair fern. The boxwood topiary, underlining human influence on nature, provides a stark contrast to the natural vegetation. Next to the Sea-Garden is a garden of rustling green-, yellow- or black-stemmed phyllostachys bamboos planted in tubs. // Moss-covered stones and giant

laub (Shibataea kumasasa, Astilbe i. S.). Mammut- und Schaublatt (Gunnera manicata, Rodgersia i. A.) stechen effektvoll durch ihre riesigen Blätter hervor. Der Goldschuppenfarn (Dryopteris affinis) fällt durch seine im Austrieb leuchtend goldbraun beschuppten Wedel auf. // Aus dem Gabionenkegel quellen Polsterstauden wie Stachelnüsschen und Andenpolster (Acaena microphylla, Azorella trifurcata) hervor, begleitet von Bärenfellschwingel (Festuca scoparia) und zierlichen Farnen (Asplenium trichomanes). // Im starken Kontrast zur natürlichen Vegetation wirken die geschnittenen Buchsbaum-Kugeln, -Kegel und -Pyramiden (Buxus sempervirens var. arborescens), die den menschlichen Einfluss auf die Natur betonen. // An den ›Meeresgarten‹ schließt sich ein raschelnder Bambusgarten in Kübeln an – verschiedene Phyllostachys werden hier mit ihren Halmfärbungen grün, gelb und schwarz präsentiert (P. humilis, P. aureosulcata f. spectabilis, P. nigra f. punctata). // In die Vegetationsflächen eingestreute bemooste Steine und Riesenwurzeln runden diese Insel als üppig-grüne Landschaft ab. // **Blüteninsel** // Einem Fingerabdruck nachempfunden, gliedert sich die Vegetationsfläche in amorph verlaufende Bänder. Neben Gräserbändern aus Miscanthus-, Carex- und Stipa-Arten schlängeln sich vier verschiedenfarbige Blütenbänder über die gesamte Insel – in weißem, blauem, gelb-orangem und rot-buntem Farbaspekt. Vom Frühling bis zum Spätsommer präsentieren sich Stauden in den vielfältigsten Blütenformen und -farben, die unterschiedlichen Pflanzen-

roots scattered amongst the vegetation complete the lush green landscape of this island. // **Paradise Island** // Modelled on a fingerprint, the pattern of vegetation here is divided into amorphous strips. Among bands of miscanthus, sedge and feather grasses, four flower strips, in white, blue, orange-yellow and red/multicolour, wind their way over the island. From spring until late summer, all kinds of perennials are in bloom; the various formations are complemented by alternating plantings of bulbs and spring or summer flowers. // Spring is introduced with white, yellow, orange and red tulips scattered around the beds, together with "purple sensation". In the red/multicolour strip, yellow, white, blue and wine-red dwarf iris are dominant, mixed with tufted violet. Leopard's bane and golden ornithogalum provide orange-yellow; the blue and white strips combine lungwort and Venus's navelwort with poppy anemone and forget-me-not. // The early summer flowers are bright red catchfly and luxuriant yellow peony, day-lily and buttercup, white iris and aster, creeping or upright bugles, mountain centaury and cranesbill. // These are followed, throughout the summer, by yellow and red yarrow, snapdragon, nicotiana, California poppy and catmint (red/multicoloured); ox-eye chamomile, marigold, zinnia and yellow cosmos (orange-yellow); lavender, cranes-

bilder werden durch eine Wechselpflanzung aus Zwiebeln, Frühjahrs- und Sommerflor ergänzt. // Den Auftakt im Frühling bilden die in die entsprechenden Blütenbänder eingestreuten weiß-, gelb-, orange- und rotblühenden Tulpen sowie der blaublühende Zierlauch (Allium giganteum ›Purple Sensation‹)**. Im rot-bunten Band dominieren gelb-, weiß-, blau- und weinrotblühende Zwergiris** (Iris germanica Barbata-nana i. S.)**, begleitet von zarten Hornveilchen** (Viola cornuta i. S.)**. Im gelb-orangen Blütenband zeigen sich Gemswurz** (Doronicum caucasicum) **und der orange-leuchtende Milchstern** (Ornithogalum dubium)**. Im weißen und blauen Band werden Lungenkraut** (Pulmonaria i. A.) **und Gedenkemein** (Omphalodes verna) **mit Kronenanemone** (Anemone coronaria-Hybr.) **und Vergissmeinnicht** (Myosotis sylvatica i. S.) **kombiniert. // Im Frühsommer erscheinen im rot-bunten Band die leuchtend rot blühenden Lichtnelken** (Lychnis viscaria ›Feuer‹) **im Kontrast zu üppig gelbblühenden Pfingstrosen** (Paeonia i. S.)**. Taglilie** (Hemerocallis flava) **und Hahnenfuß** (Ranunculus i. A.) **blühen im gelb-orangen Band, während das weiße Band von Bartiris, Schwertlilie** (Iris i.A.) **und Frühlingsaster** (Aster alpinus ›Albus‹) **geziert wird. Im blauen Blütenband dominieren kriechender und aufrecht wachsender Günsel** (Ajuga i. A.)**, lockere Bergflockenblume** (Centaurea montana ›Grandiflora‹) **und an Blütenmasse nicht zu übertreffender Pracht-Storchschnabel** (Geranium x magnificum)**. // Bis zum Spätsommer wechseln im rot-bunten Band goldgelbe und scharlachrote Schafgarbe** (Achillea-Hybr.)**, bunte Löwenmäulchen** (Anthirrhinum-

bill, speedwell and everlastings (white and blue). // Aster, snake-root, red-hot poker, yellow coneflower and blanket-flower bloom until well into autumn.Bushes such as lilac, butterfly bush, choke-berry and rose are thrown into relief against the carpet of flowers. // Creepers and climbing plants – rose, wisteria, Dutchman's pipe and varieties of honeysuckle – provide a link with the artificial flower objects and the Pollen Cloud. // Apple trees and oleanders in tubs will be placed on the pier and the moorings for the duration of the exhibition.

Udo Bode // (born 1964), graduated in Architecture in Osnabrück. Member of the Berlin Architects' Association, Federation of German Landscape Architects and German Cultural Society for Gardens and Landscapes. Founded Bode · Williams + Partner in 1993

Serie), **Ziertabak** (Nicotiana-Hybr.) **und zarter Goldmohn** (Eschscholzia i. A.) **im Kontrast zu blaublütiger Katzenminze** (Nepeta x fassenii). **Färberkamille, Ringelblume, Husarenknöpfchen und zarte Schmuckkörbchen** (Anthemis tinctoria, Calendula i. S., Sanvitalia i. S., Cosmos i.S.) **bilden den gelb-orangen Farbaspekt. Im weißen und blauen Blütenband dominieren duftender Lavendel, Storchschnabel, Ehrenpreis und Strandflieder** (Lavandula i. S., Geranium i. A., Veronica austr. ›Knallblau‹, Limonium latifolium). **// Bis in den Herbst hinein blühen blaue, rote und weiße Herbst- und Kissenastern** (Aster ammellus i. S., Aster dumosus i. S.), **grasartige Prachtscharten** (Liatris spicata i. S.), **leuchtende Fackellilien** (Kniphofia i.S.), **gelber Sonnenhut** (Rudbeckia fulgida ›Goldsturm‹) **und Kokardenblumen** (Gaillardia-Hybr.). **// Punktuelle Solitärsträucher wie Flieder, Sommerflieder, Apfelbeere und Rosen setzen im Blütenteppich Akzente** (Syringa i. S., Buddleja davidii-Hybr., Aronia melanocarpa, Rosa i.S.). **// Als verbindendes Element beranken Rosen, Blauregen** (Wisteria i.S.), **Pfeifenwinde** (Aristolochia durior) **und verschiedene Geißblatt-Arten** (Lonicera i.A.) **die artifiziellen Blütenobjekte und den über der Insel schwebenden Pollenflug. // Pier und Schiffsanleger // Auf Pier und Schiffsanleger werden im Zeitraum der Gartenbauausstellung Apfelbäume** (Malus domestica) **und rosablühende Oleander-Solitäre** (Nerium oleander) **in Kübeln präsentiert. //**

Udo Bode // geb. 1964, Dipl.-Ing., Diplom der FH Osnabrück, Mitglied AK Berlin, BDLA, DGGL // Gründung Bode · Williams + Partner Landschaftsarchitekten 1993

Die Evolution der Pflanzen

The evolution of plants

Waltraud Niel

Die Vielfalt und Pracht der Pflanzen, an der wir uns heute erfreuen, hat sich in unvorstellbar langen Zeiträumen entwickelt. Markante Ereignisse waren die Fähigkeit zur Fotosynthese, der Schritt an Land und die Verbreitung durch Samen, die bei den Blütenpflanzen perfektioniert wurde. // Betrachtet man die Evolution im Zeitraffer eines Tages, so beginnt sie bei Null mit der Geburtsstunde der Erde vor 4.600 Millionen Jahren. Kurz nach drei Uhr früh gibt es die ersten Spuren von Leben. Einen Großteil des Tages experimentieren kleine Organismen, wie sie sich am besten ernähren und vermehren können. Grüne Algen nützen ab dreiviertel sieben am Abend im Prozess der Fotosynthese das Sonnenlicht als Energiequelle. Noch ist Leben nur im Schutz des Wassers möglich. Erst als sich um die Erde eine Hülle aus Luft gebildet hat, verliert die starke Sonnenstrahlung ihre Gefährlichkeit für alles Lebendige, und einfache Organismen können das karge Gestein besiedeln. Im flachen Wasser findet die Generalprobe für den Schritt an Land statt: Wer die chemischen Bausteine für Wachs und Holz selbst herstellen kann, hat hierfür die besten Voraussetzungen. Fünf vor zehn Uhr können erstmals Pflanzen den rauen Bedin-

The variety and splendour of the plants we enjoy today has evolved over unimaginable aeons. Landmark events were the ability to photosynthesise, the transition to dry land, and dissemination, later developed to perfection by flowering plants. // If we speed up evolution to span a single day, then it begins at zero hour with the birth of Earth, 4600 million years ago. The first signs of life appear shortly after 3 a.m. For most of the day, tiny organisms experiment to find how best to feed and reproduce. From about 6:45 p.m., green algae use sunlight as a source of energy in the process of photosynthesis. Life is still possible only in water. Not until a protective covering of air has formed around the planet does the strong solar radiation cease to endanger all living things, and simple organisms can inhabit the barren rock. The final rehearsal for entrance on land takes place in the shallows, the best chances being held by those organisms which can produce their own chemical components for wax and wood. At 9:55 p.m. the first plants are able to withstand the harsh conditions of life

gungen des Landlebens Stand halten. Um dreiviertel elf setzen sich die Nadelbäume gegenüber den Farnpflanzen durch, und erst eine halbe Stunde später treten die Blütenpflanzen ihren Siegeszug an. Der Mensch verlässt zwei Sekunden vor Mitternacht Afrika, um sich über die ganze Erde zu verbreiten. // **Pioniere auf kargem Land** // Es sind Urfarne, späte Nachfahren der Grünalgen, die als erste erfolgreich das karge Land besiedeln. Sie sind nur wenige Zentimeter groß, blattlos, gabelig verzweigt und lediglich notdürftig im Untergrund verankert. Drei Faktoren sind für ihr Überleben an Land entscheidend: die wachsartige Außenschicht, die sie vor dem Austrocknen schützt, ein holziges Stütz- und Wasserleitungssystem in ihrem Inneren und die Fähigkeit, das Leben außerhalb des Wassers weiter geben zu können. Schon die frühen Farnpflanzen – wie auch noch ihre heutigen Verwandten – verbreiten sich mit Sporen über die Luft. Für die Verschmelzung ihrer Geschlechtszellen benötigten sie Wasser aus der Umgebung. // **Grün, Grün, Grün** // Allmählich weichen die binsenähnlichen Bestände der zarten Urfarne großen Sumpfwäldern aus Baumfarnen, Schachtelhalmen und Bärlappen. Gewaltige Bäume mit Blättern

on land. At 10:45 p.m. conifers assert themselves against ferns, and not until half an hour later do flowering plants start their triumphal march. Two seconds before midnight, man leaves Africa to spread throughout the earth. // **Pioneers on barren land** // Ferns, late successors of the green algae, were the earliest plants to inhabit the barren land. They were only a few centimetres tall, leafless, branching and skimpily rooted. Three factors were decisive for their survival on land: the waxy coating which prevented dehydration, the woody internal vascular tissues, and the ability to reproduce out of water. The very earliest ferns, like their modern relatives, spread by catapulting spores into the air. Fertilisation could take place only in the presence of water from the environment. // **"...all ye Green Things upon the Earth..."** //Gradually, the rushlike stands of delicate ferns gave way to large marshy forests of tree ferns, horsetails and clubmosses. Enormous trees with leaves of widely varying shapes and sizes jostled for a place in the sun. Roots anchored the green giants in the ground and supplied

Echtzeit (in Millionen Jahre) // Actual time (Millennia)

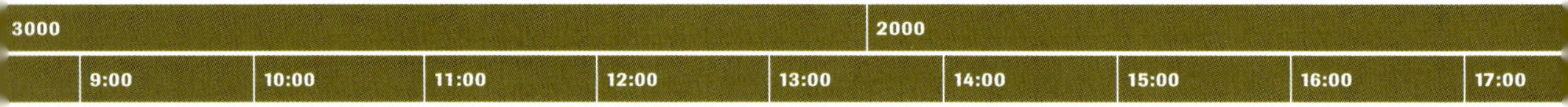

Tageszeit // Time of day

unterschiedlichster Form und Größe konkurrieren um einen Platz an der Sonne. Wurzeln verankern die grünen Riesen im Boden und versorgen sie mit dem nötigen Wasser. Noch aber fehlen die bunten Farben der Blüten, denn die Verbreitung durch Sporen ist nicht auf die Mithilfe von Tieren angewiesen. Als es auf der Erde zusehends trockener wird, fehlt aber oft der für die Befruchtung nötige Wassertropfen. Samenpflanzen lösen dieses Problem, indem sie die Befruchtung im Inneren der Mutterpflanze ermöglichen. Ab nun werden nur mehr die männlichen Pollenkörner auf Partnersuche geschickt. Landen sie auf einer empfänglichen Pflanze, wachsen sie bis ins Innere der Eizelle, wo die Befruchtung stattfindet. Dort entsteht der pflanzliche Embryo, der Samen, der schließlich entlassen wird und für die Ausbreitung der Pflanzenart sorgt. Nadelbäume und ihre Verwandten lösen durch diese verbesserte Strategie der Fortpflanzung allmählich die Farnpflanzen ab. // **Verlockende Blüten und Samen** // In artenreichen Ökosystemen wird es für Pflanzen immer schwieriger, die Bestäubung durch den Wind, wie das bei den Nadelbäumen der Fall ist, zu sichern. Allmählich gehen sie dazu über, mit auffallenden Blüten

them with the necessary water. The bright colours of flowers and blossoms were still lacking, however, since spores were not dependent on animals for their dispersion. But as the earth became visibly drier, the water droplet needed for fertilisation was often not forthcoming. This problem was solved by seed-bearing plants, which could be fertilised within the mother plant. Now only the male pollen grains were sent out to seek a partner. If they landed on a receptive plant, they grew into the interior of the egg cell, where fertilisation took place, producing the plant embryo, the seed, which was then released, assuring the spread of the genus. Through this improved reproductive strategy, conifers and related species gradually replaced the ferns. // **Alluring blooms and seeds** // In species-rich ecosystems, it became harder and harder to assure the wind pollination required by conifers. So plants gradually began to produce conspicuous blooms and sweet nectar to attract the assistance of insects and other animals in pollination. These creatures, in their turn, triggered a per-

und süßem Nektar Insekten und andere Tiere als Helfer für die Bestäubung anzulocken. Die Blütenbesucher lösen wiederum eine Perfektionierung der weiblichen Teile der Blüte aus: Ein schützender Fruchtknoten umhüllt die Samenanlage und wird später zur Frucht, die die Ausbreitung einer Pflanzenart fördert. In Koevolution mit den Tieren haben die bedecktsamigen Blütenpflanzen eine unüberschaubare Spezialisierung an Blüten, Früchten und Kooperationen entwickelt. Einer der Partner ist der Mensch geworden. Wer hat wen gewählt? Beim Apfel, jedenfalls, sind wir seinem köstlichen Geschmack erlegen. //

Waltraud Niel // geb. 1963, Dr., Studium der Biologie, freie Wissenschaftsjournalistin, lebt in Wien

fectioning of the female part of the bloom; a protective ovary formed around the seed and became the fruit, which promoted the spread of a genus. In coevolution with the animals, the angiospermous flowering plants developed an unmistakable specialisation in blossoms, fruit and cooperation. Man became one of their partners. Who chose whom? – With the apple, at any rate, it was we who succumbed to its delicious flavour.

Waltraud Niel // (born 1963); doctorate in biology; freelance scientific journalist, lives in Vienna

Gärten die schwimmen?

Architektur und Choreographie

Floating Gardens?

Choreography and architecture

Beda Percht

// **1** // Alles eine Frage der Zeit, die ist ohnehin raumverwoben und nicht zu isolieren. Und daher: Viele Jahren arbeite ich mit meinem Ensemble an der dramatischen Gestaltung von Architektur und Landschaften, seit einigen Jahren genannt: Event. Falsch, das sind keine Ereignisse, sondern Gestaltungen oder Verlebendigungen. // **2** // Choreografische Gestaltung ist flüchtige Architektur, gemacht für die Räume im Innern des Betrachters und dort festgesetzt für kurz oder lang – abhängig von der Bedeutung, die das Gesehene in den Lebenserfahrungen des Besuchers erreicht. // **3** // Dramatische Gestaltung ist in diesem Sinn Ergänzung der Architektur, Vervollständigung. Bei guter emotionaler Intensität des Projekts geschieht ein Eingriff in die architektonische Gestaltung. Dieser erfolgte jahrelang unbewusst, zunehmend reflektiert über Gespräche mit den Architekten. Und unbewusst blieb auch der Standpunkt, den die künstlerischen Projekte unseres Ensembles gegenüber der ›Hardware‹, die wir bespielten, einnahmen: Harmonische Ergänzungen, strukturelle Kontrapunkte, inhaltliche Erwärmungen. // **4** // Die Konkretisierung des Gärenden begann in einem Gespräch im Atelier von Johannes Kraus und mit

// **1** // It is a question of time only, perhaps of space-time. For a decade, my company CATARACTS has been working on dramaturgy for landscapes and buildings. Not events, but formations of Gestalt. // **2** // Choreography is temporary architecture, made for the inner vision of our audience and lasting as long as the emotional impact it evokes. // **3** // Dramatic art on edifices is complementary to architecture. // **4** // By influencing each other's thoughts and work, Johannes Kraus and I began developing the process for the IGA Rostock. A simple task, it seemed at first. // **5** // But we did not apply the usual creative process. People do not think like that, they do not teach like that – neither in training the architect nor in educating the choreographer. // Choreography and architecture are congruent, there is no difference. We find only various formal expressions of a basic need to create. We may – in the future – find choreographing architects or choreographed architecture, but a roof over the head and the pose of a dancer are the same. Both define the space around, both are tools for survival (protection, art) and both are far-reaching.

Life is a Gestalt in Time

Heiner Goebbels

der Frage: Warum nicht bei seiner Gestaltung für die IGA Rostock die konstruktive Zusammenarbeit beginnen? Eine einfache Aufgabenstellung angesichts seiner ›Schwimmenden Gärten‹: Der Dramaturg und Regisseur durfte, endlich, auf Handfestes Einfluss nehmen und der Gestalter dieser Inseln auf die Orte, Kostüme, Bewegungen der TänzerInnen. // **5** // Aber so wird nicht oft gedacht. Es wird auch nicht so gelehrt, auf Hochschulen für Baukunst und Tanzkunst. // Architektur und Choreografie sind nicht unterscheidbar, sie ergänzen einander nicht, sondern sind Formate des selben Gestaltungswillens. Vielleicht gibt es Architekturchoreografen oder choreografierte Architektur, vielleicht finden wir in Zukunft Schwerpunkte, Spezialisierungen, Ausuferungen, dennoch: Ein Dach über dem Kopf ist dasselbe wie eine tänzerische Pose. // Beides gestaltet den Raum im Nahbereich und dient dem Überleben (Schutz, Kunst), beides weist über sich hinaus. // **6** // Architektur und Tanz bearbeiten die Welt in einem sehr umfassenden Sinn, laufen doch die Kanten und Nähte des Gebäudes, der künstlichen Inseln, des Bewuchses gedacht weiter, laufen um den Erdball und treffen sich wieder, spannen ein Muster. //

// **6** // Dance and architecture determine the world in a complete sense, as lines, borders and edges shoot out, run around the globe, interfere and complete a pattern. // The skin of the dancer stretches out to form changing surfaces, inwardly focused on the spectator, outwardly reaching into the indeterminable, perhaps partly defined by quantum mathematics or the theory of chaotic and fractal structures. // The floating gardens separate soil and water and sew them together. The metal rose is rooted in the centre of this planet and its petals reach back there after travelling through space-time in its own secret movements. // These are our means of reaching people, of binding them and offering freedom. // There still is much to find out. // **7** // Meanwhile we learn by acceptance: some people are builders, and the result is visible for a time; others are dancers, creating living expression for the moment. // So Johannes Kraus and I have influenced each other – the architect imagining movement, costumes, dancers, and the director looking for the stable expression of forming “hardware“. // **8** // There are no gardens that do not float.

Sieben Rosen trägt der Strauch.
Sechs gehören dem Wind,
aber eine bleibt, dass
auch ich noch eine find.
Bert Brecht

The bush bears seven roses
six are for the wind;
a single bloom remains, so
there's one for me to find.
Bert Brecht

Die Haut des Tänzers spannt sich in der Abstraktion und Verlängerung sich verändernder Flächen, konkav fokussiert auf den Brennpunkt Betrachter, konvex rundlaufend ins Unbestimmbare, noch zu Erforschende – und in der Bewegung mäandernd, vielleicht nach den Gesetzen der Quantenphysik, Chaostheorie, fraktalen Selbstorganisation. Die ›Schwimmenden Gärten‹ trennen Gelände von Fluss und Meer, verbinden sie aber auch – und die Metallrose ist im Erdmittelpunkt verankert, die Blütenblätter kehren dorthin zurück, nachdem sie weit gereist sind und ihr Beziehungsgeflecht beliebig weit gespannt haben. So fangen wir Menschen ein, geben ihnen Halt und Freiheit. // Der Tanz als Ausdruck des direkt Lebenden, des Bewohnten der Inseln, formalisiert und versendet Bezugsmuster; die ›Schwimmenden Gärten‹, Ausdruck eines formalen Gestaltungswillens, leben schwankend und bewachsen – sie bieten neue Dimensionen des Seins. // **7** // Am Anfang steht die Zusammenarbeit und die Akzeptanz der Grenzen: Menschen bauen, für eine Weile sichtbar bleibt das Ergebnis; TänzerInnen tanzen ergebnislos, sind aber sichtbarer, lebendiger Ausdruck. // Es beginnt die vorsichtige wechselseitige Ergänzung und Beeinflussung der Arbeit von Johannes Kraus mit meiner dramaturgischen Arbeitsweise – die Generierung des Wuchses von Pflanzen, der Statements von künstlichen Welten, der Einladung durch TänzerInnen, der Gestaltung von Kostümen für die Gärten am Wasser. // **8** // Es gibt keine Gärten, die nicht schwimmen. //

Beda Percht // geb. 1958, Choreograph und Regisseur, lebt in Hallein/Österreich // Studium der Germanistik und Sportwissenschaft // Tänzerische Ausbildung in New York und Paris // Dozent am Institut für Sportwissenschaften an der Universität Salzburg // 1990 Gründung des Ensembles ›Cataracts‹

Beda Percht // (born 1958), graduated in German studies and sports science, dance training in New York and Paris; lives in Hallein, Austria. // Teaches sports science at the University of Salzburg. // Founded ›Cataracts‹ ensemble in 1990.

Bauherr
Awarding authority

IGA Rostock 2003 GmbH

Industriestraße 15
D-18069 Rostock
www.iga2003.de
info@iga2003.de

Geschäftsführung General managers
Wilhelm Fax, Jörn Rüsch

Technische und künstlerische Leitung
Technical and artistic manager
Dr. Ernst-Hermann Kubitz

Mitarbeit Assistant
Dipl.-Ing.* Marcel Seelig

Sekretariat Secretary
Martina Puttich

GPP Projektmanagement

Industriestraße 15
D-18069 Rostock
GPP-GmbH@t-online.de

Geschäftsführung General manager
Dipl.-Ing. Bernd Scholand

Mitarbeit Assistant
Dipl.-Ing. Volker Pinkernelle
Dipl.-Ing. Stefan Koenig
Dipl.-Ing. Thomas Ebentheuer

Sekretariat Secretary
Sabine Dittmann

Hauptauftragnehmer
Main contractor

archipel architekten

landschaft-architektur-städtebau
landscaping-architecture-urban planning
Kaiserstraße 30/4
A-1070 Wien
office@archipel.at
www.archipel.at

Generalplanung, Künstlerisches Konzept, Koordination, Controlling, Budgetgewichtung, Entwurf und Ausführungsplanung der ›Schwimmenden Gärten‹, der Objekte, der Ingenieurbauwerke Pier, Schwimmplattformen und Schwimmstege
General planning, artistic concept, coordination, project control, financial planning, design and planning of the Floating Gardens, objects and construction of pier, pontoons and bridges.

Projektgesamtverantwortung
Overall responsibility for the project
Architekt Mag. Johannes J. Kraus
staatlich befugter und beeideter Ziviltechniker

Mitarbeit Assistants
Klaus Ebner
Mag. arch. Michael Lawugger
Mag. arch. Gundolf Leitner
Isabella Müller, Julia Nuler
Ing. Richard Pultowicz
Mag. arch. Michaela Schippl
Mag. arch. Stephan Szigetvary

Sekretariat Secretary
Gabriele Bauer
Zilli Niessen

Subauftragnehmer
Subcontractor

Bode · Williams + Partner

freie Landschaftsarchitekten
Landscape architects
Schönhauser Allee 8
D-10119 Berlin
bwp@snafu.de
www.bwp-landscapearchitects.com

Entwurf, Ausführungsplanung und Bauüberwachung der ›Schwimmenden Gärten‹ – Landschaftsarchitektur, Wassereffekte, Ausstattung, Technische Ausrüstung Planung, Bauüberwachung Technische Ausrüstung und Ausstattung Pier, Terminplanung und Kostendarstellung
Planning, design development, construction supervision for Floating Gardens – landscape architecture, water features & effects, utilities and supplies, technical equipment planning, construction supervision for pier fittings, utilities and supplies, project and cost control.

Projektleitung Project director
Dipl.-Ing.* Udo Bode

Mitarbeit Assistants
Dipl.-Ing. Peter Braun
Dipl.-Ing. Clara Jäkel
Dipl.-Ing. Valeska Berentzen
Dipl.-Ing. Martina Bertgen
Dipl.-Ing. Mario F. Berrios Miranda
Dipl.-Ing. Andreas Tiemann
Dipl.-Ing. Karsten Ahrendt
Dipl.-Ing. Thomas Heim

* German academic title for qualified engineer

Subauftragnehmer
Subcontractor

TAU Ingenieurgesellschaft mbH

Beratende Ingenieure und Geologen
Dortmunder Straße 9
D-10555 Berlin
info@tau-ingenieure.de
www.tau-ingenieure.de

Fachplanung Tragwerk, Gründung, Schwimmplattformen, Hochbau, Bauoberleitung, Bauüberwachung Ingenieurbauwerk
Structural engineering, foundation, pontoons, building construction and control, supervision of engineering work

Projektleitung Project director
Dipl.-Ing.* Thomas Federhen
Dipl.-Ing. Norbert Landesberger

Mitarbeit Assistant
Dipl.-Ing. Gunnar Soyka

Künstlerische Beratung
Artistic advisers

Eugene Postolache

akademischer Bildhauer
sculptor
Pfeilgasse 35/15
A-1080 Wien
epostolache@aol.com
www.set-costumes-props.com

Subauftragnehmer
Subcontractor

Werkraum ZT OEG

Mariahilferstraße 115/13
A-1060 Wien
werkraum@werknetz.at
www.werknetz.at

Fachplanung Tragwerk, Objekte, Ingenieurbau
Structural engineering, objects, building construction

Projektleitung Project directors
Dipl.-Ing.* Peter Resch
Dipl.-Ing. Peter Bauer

Mitarbeit Assistants
Dipl.-Ing. Christian Kronberger
Dipl.-Ing. Martin Schoderböck
Dipl.-Ing. Christian Petz
Dipl.-Ing. Andrea Bamberger
Dipl.-Ing. Rainer Kroiss

Rechtsberatung Generalplaner
Legal advice general planner

k+h Rechtsanwälte

Kraske Härtel Brunner
Dr. Bernd Klemm
Maximilianstraße 35
D-80539 München

Choreografie / Bespielung
Choreography / Dramaturgy

CATARACTS

tanz/theater/event/präsentation
dance/theatre/event/presentation
Priesterbauerweg 18
A-5400 Hallein
beda.percht@cataracts.at
www.cataracts.at

Projektleitung Project director **Beda Percht** // Kostümdesign costume design **Christof Cremer** // Produktionsdesign und Objekte production design and objects **Janett Sumbera** // Assistenz assistance **Patricia Hodina** // Komposition und Tondesign composition and sound design **Thierry Zaboitzeff** // Dichtung und Texte poetry and texts **Robert Kleindienst** // Produktionsleitung production management **Kathrin Leukert**// Kostüme und Objekte costumes and objects **Theaterwerkhaus Rostock** // Aufblasbare Objekte inflatable objects **Schultes.Wien** // Vertikale Sicherheit vertical security **Udo Kirchmayr, Mungo Hanslmaier** // Stimme voice **Peter Arp** // Choreografie choreography **Sandra Hoftstötter, Miriam Klebel, Antje Gontarczyk, Diana Pagel** // Tanz dance **Ensemble Cataracts / Rostock** // Produktion und künstlerische Beratung production and artistic advice **Carmen Hermeling / IGA Rostock** // Projektentwicklung project development **Johannes Kraus**

Daten
Data

Bauzeit
07/2002–04/2003, hiervon Verholung, Komplettierung innerhalb der letzten 3 Wochen
Planung
04/2000–04/2003
Bausumme
ca. 7,5 Mio. EUR

Karge Insel: 1.300 m²
Grüne Insel: 900 m²
Blüteninsel: 2.000 m²
insgesamt 90 Pontons

Skulptur Njörd
Höhe ca. 14 m über Wasser, Gesamtgewicht 8 t
Calla
Länge 20 m, Höhe 3,5 m
Große Rote Blüte
Gesamtgewicht ca. 10 t, 7 Blütenblätter
Oranger Raum
ca. 200 m², Höhe 4 m
Grashalme
13 Stk., Höhe max. 12 m
Samenkorn
Durchmesser 8 m, Höhe 5 m
Pollenflug
280 lfm Rohre, Durchmesser 50 cm

ca. 40 Planungsbeteiligte und 220 ausführungsbeteiligte Personen

›Schwimmende Gärten‹ ist eine beim Deutschen Patentamt geschützte Wortmarke.

Duration of construction
07/2002–04/2003 including towing; completion in final 3 weeks
Planning
04/2000–04/2003
Building costs
approx. 7.5 million EUR

Barren Island: 1,300 m²
Green Island: 900 m²
Paradise Island: 2,000 m²
90 pontoons in all

Niord sculpture
h approx 14 m above water-level, total weight 8 t
Calla (arum lily)
l 20 m, h 3.5 m
Great Red Flower
total weight approx 10 t, 7 petals
Orange Canyon
approx 200 m², h 4 m
Grasses
13 stands, h max. 12 m
Great Seed
diameter 8 m, h 5 m
Pollen Cloud
280 m pipes, diameter 50 cm

Work force: 40 planning, 220 implementation

Wettbewerb
Competition

Die Beauftragung erfolgte auf Grundlage des Projektes, welches 1997 mit dem 2. Preis beim Internationalen städtebaulichen Realisierungswettbewerb, ›IGA Rostock 2003‹ ausgezeichnet wurde. Autoren des Wettbewerbes waren: Arch. Johannes Kraus, Larch. Jakob Fina und Dipl.-Ing. Wolfgang Radlegger (Wasserbau)

The commission was awarded on the basis of the project (submitted by J. Kraus, J. Fina and W. Radlegger) which received 2nd prize at the 1997 "IGA Rostock 2003" international competition.

Erste Entwurfsphasen
Initial designs

Die ersten Vorentwurfsphasen (2000 und 2001) mit einer zunächst wesentlich umfangreicheren Planungsaufgabe (›Schwimmende Gärten‹, gesamte Ufergestaltung, Kai, Nationengärten, Schifffahrtsmuseum, Open-Air-Theater) wurden vom damaligen Geschäftsführer der IGA Rostock 2003 beauftragt, hieran waren folgende Büros zusätzlich beteiligt:

The preliminary designs (2000 + 2001), with a much more comprehensive task-list (floating gardens, entire shore-line, quay, nations' gardens, shipping museum, open-air theatre) were commissioned by the then manager of the IGA Rostock 2003; here the following firms also participated:

Rossmann + Partner, Dipl.-Ing.
Freie Architekten BDA, Karlsruhe
Kollitsch + Stanek, Wien (Tragwerksplanung)
IPL, Radolfszell (Membrandach Open-Air)

Die Herstellung dieser Publikation wurde von folgenden an der Ausführung der ›Schwimmenden Gärten‹ beteiligten Firmen unterstützt:

The production of this book has been supported by the following firms which participated in the implementation of the Floating Gardens:

AKB
Anlagen- und Kraftwerksrohrleitungsbau Rostock GmbH & Co. KG
Rostock // www.akb-rostock.de

Lieferung und Montage aller Kunstwerke gegenüber dem Auftraggeber IGA, davon Fertigung und Montage der Objekte Meeresgarten, Lotusblüte und aller Fundamentrahmen für die Kunstwerke in eigener Produktion sowie der von Art Deco gelieferten Rohre für das Objekt Pollenflug.
Delivery and installation of all artworks for the IGA, including - preparation and installation of the objects Sea-Garden, Lotus Flower, all foundation frames for artworks and of pipes supplied by Art Deco for Pollen Cloud

Art Deco
S.R.L.
Bukarest
www.set-costumes-props.com

Fertigung, Transport und Montage der Großobjekte Samenkorn, Pollenflug, Njörd, Oranger Raum, Grashalme, Spiralbrunnen, Innenausstattung Meeresgarten, Calla, Metallkaschur Lotos
Preparation, transport and installation of large-scale objects: Great Seed, Pollen Cloud, Niord, Orange Canyon, Grasses, Spiral Spring, interior of Sea-Garden, Arum Lily, metal lamination of Lotus Flower

Baltic
Taucherei- und Bergungs GmbH
Rostock // www.baltic-taucher.de

Sämtliche Unterwasserarbeiten, Sicherung und Wartung, Verholen, Verankerung, Seevermessung, Unterwasser-Schweißen
All underwater work, security and maintenance, towing, anchorage, hydrographic surveys, underwater welding works

Clement
Yacht Harbour Systems Germany
Rostock // www.clement-gmbh.de

Schwimmende Stahlbetonponton-Flächen der Inseln und des Schiffsanlegers, Schwimmstege, deren Verankerung sowie alle Übergangsbauteile und Geländer; Vermietung von Inselflächen.
Floating reinforced concrete pontoon surfaces on islands and landing-piers, bridges and anchorage; all bridging com-ponents and railings; Leasing of floating islands.

Lebus
Brunnenbaugesellschaft mbH
Lebus

Die Montage und Wartung sämtlicher von der Fa. Oase gelieferten Produkte der Wassertechnik
Installation and maintenance of all water technology equipment supplied by Oase

Oase
GmbH & Co. KG
Hörstel // www.oase-pumpen.com

Interaktives Wasserspiel Njörd, schwimmende Edelstahlkonstruktion, Pumpentechnik, Schalt- und Steueranlage, Bedienpult Karge und Grüne Insel: Geysire, Sprühnebel, Spiralbrunnen: Düsen, Pumpen, Schalt- und Steueranlagen
Interactive Niord fountain, floating steel construction, pump technology, switch and control gear, operating console Barren and Green Island: geysers, mist spray, spring: jets, pumps, switch and control gear

Rumpf
Garten- und Landschaftsbau GmbH
Schwerin // www.rumpf-galabau.de

Landschaftsbauarbeiten auf allen Inseln und auf der Pier inkl. Pflege
Landscaping and maintenance on all islands and pier

Stehr
Metallbau- und Montage GmbH
Daskow // www.stehr-metallbau.de

Schlosserarbeiten im Landschaftsbau auf den Inseln, Geländer, Wege- und Insel-Einfassungen
Metalwork in landscaping on islands; fencing

Impressum

Imprint

Herausgeber / Publisher Johannes Kraus, archipel architekten, Wien

Visuelle Gestaltung / Graphic design Krieger|Sztatecsny, Wien

Übersetzungen / Translation Gail Schamberger

Lektorat / Copy-editing Andres Müry

Herstellung / Production Offset 5020 Druckerei & Verlag Ges.m.b.H., Siezenheim

Bildnachweis / Photographs Rupert Steiner, www.rupertsteiner.com (01–41, 56, 57, 58, 64, 68, 76, 91, 96 u.w.) / archipel architekten / Bode · Williams + Partner (66, 78–83) / Baltic Taucher (66) / Werkraum (57, 61, 62, 63, 67, 71, 72, 73) / Leonie Foese, Julian Grabitz (Phantasiefische / Fantasy fishes, 67)

ISBN 3-7025-0472-9

Verlag Anton Pustet, Bergstraße 12, A-5020 Salzburg

Bibliografische Information der Deutschen Bibliothek:
Die Deutsche Bibliothek verzeichnet diese Publikation in der Deutschen Nationalbibliografie; detaillierte bibliografische Daten sind im Internet über http://dnb.ddb.de abrufbar.

Diese Publikation erscheint anlässlich der Internationalen Gartenbauausstellung (IGA) Rostock 2003.
This publication accompanies the International Horticultural Exhibition (IGA) in Rostock 2003.

Für Antonia Maria Johanna